ARBEITSGEMEINSCHAFT FÜR FORSCHUNG
DES LANDES NORDRHEIN-WESTFALEN

Gemeinsame Sitzung
der geisteswissenschaftlichen
und naturwissenschaftlichen Abteilung
am 21. September 1960
in Düsseldorf

ARBEITSGEMEINSCHAFT FÜR FORSCHUNG

DES LANDES NORDRHEIN-WESTFALEN

HEFT 96

Herwart Opitz

Technische und wirtschaftliche Aspekte der Automatisierung

Joseph Mathieu

Arbeitswissenschaftliche Aspekte der Automatisierung

SPRINGER FACHMEDIEN WIESBADEN GMBH

ISBN 978-3-663-03129-1 ISBN 978-3-663-04318-8 (eBook)
DOI 10.1007/978-3-663-04318-8

Ursprünglich erschienen bei Westdeutscher Verlag, Köln und Opladen 1961

INHALT

Technische und wirtschaftliche Aspekte der Automatisierung

Von Professor Dr.-Ing. *Herwart Opitz*, Aachen

Einleitung

Die Automatisierung ist nur ein Teilgebiet der Rationalisierung, deren wichtigste Aufgaben sich durch folgende Forderungen darstellen lassen:

Steigerung der Menge und der Güte von Erzeugnissen und Dienstleistungen aller Art, bei gleichzeitiger Senkung des erforderlichen Aufwandes an Zeit und Kosten,

Herabsetzung des pro Ausstoß- oder Umsatzeinheit zu amortisierenden fixen Kapitalanteiles sowie

Entlastung der zur Durchführung der Aufgabe erforderlichen Menschen.

Wollen wir nun die technischen und wirtschaftlichen Aspekte der Automatisierung betrachten, so müssen wir die enge Verknüpfung von technischen oder technologischen Betrachtungsweisen mit den unabdingbaren Forderungen der Wirtschaftlichkeit besonders herausstellen. Unter Wirtschaftlichkeit wollen wir hierbei das Verhältnis eines erstellten Leistungswertes zu den Aufwendungen bzw. Kosten verstehen, die in ihrer mannigfaltigen Zusammensetzung entstanden sind, um eben diesen Leistungswert zu erstellen. Eine Steigerung der Güte der Erzeugnisse, d. h. des Leistungswertes, sollte tunlichst ohne Erhöhung des Aufwandes möglich werden, oder aber es sollte ein gegebener Leistungswert durch Verminderung des Aufwandes dem Käufer zu einem niedrigeren Preis angeboten werden können.

Sehr häufig wird in der Gütererzeugung insbesondere in der Erzeugung der Verbrauchsgüter die Forderung zu erfüllen sein, durch eine Kosten- und damit preisgünstige Herstellung eines den Anforderungen einer möglichst breiten Käuferschicht entsprechenden Gutes, ein so großes Produktionsvolumen zu erreichen, daß der Einsatz moderner Herstellungsverfahren mit weitgehender Automatisierung des Fertigungsprozesses wirtschaftlich wird. Hierfür hat es in den letzten Jahrzehnten einige markante Beispiele gegeben, z. B. Automobil-, Rundfunk-, Fernsehgeräte-Industrie u. a. mehr.

Der Amerikaner Frederic Winslow Taylor erkannte schon in den 90er Jahren des vorigen Jahrhunderts, daß die industrielle Gütererzeugung nicht eine Domäne der handwerklichen Fertigkeiten und der Zufälligkeiten war, sondern daß diese Vorgänge einer wissenschaftlichen Betrachtungsweise durchaus zugänglich waren. Er prägte den Begriff der Arbeitsteiligkeit, zerlegte die verschiedensten Arbeitsverrichtungen in ihre einzelnen Elemente, die als solche in verschiedener Zusammensetzung bei den verschiedensten Produktionen immer wieder vorkommen und deren sorgfältigste Analyse dann wegen der häufigen Wiederholung wirtschaftlichen Erfolg versprach und erbrachte. Diese Taylorschen Gedankengänge bezogen sich nicht nur auf die technologischen Vorgänge, sondern berücksichtigten die Organisation des Betriebsgeschehens, wie auch die Behandlung und den Einsatz des für die Arbeitsdurchführung notwendigen Menschen. Die Betriebswissenschaft, die sich aus den grundlegenden Arbeiten Taylors in der ganzen Welt entwickelte, hat durch Forschungen auf breiter Basis eine Fülle von Erkenntnissen gebracht, die das Fundament moderner Fertigungstechnik darstellen.

Es ist das Kennzeichen für die Automatisierung eines Arbeitsprozesses, daß ein nicht unbeträchtlicher Aufwand für den Ersatz der Funktion des Menschen getrieben werden muß. Mit steigendem Automatisierungsgrad nehmen diese Kosten nicht nur proportional, sondern progressiv zu. Dieser zusätzliche Aufwand wird nur wirtschaftlich tragbar, wenn die ständige Wiederholung des Vorganges bei der Fertigung gleichartiger oder ähnlicher Erzeugnisse so oft möglich ist, daß die Kapazität der Anlage, d. h. ihr mögliches Produktionsvolumen, ausgenutzt wird. Mit anderen Worten muß also dafür gesorgt werden, daß der Markt die sich aus der Kapazität der Erzeugungsanlagen ergebende Gütermenge aufnehmen kann, bzw. die Kapazität auf die vorliegende oder zu erwartende Marktsituation abgestimmt wird. Die zu erstellende Kapazität muß also möglichst unter dem Gesichtspunkt der Bedarfsdeckung, ihre Auslastung unter dem der Bedarfsweckung gesehen werden.

Die Entwicklung der Automatisierung

Wir erinnern uns, daß Henry Ford bei seinem ersten auf dem Fließband gefertigten Modell T (1909) sich nicht auf einen bereits bestehenden Markt stützen konnte, sondern daß er in unternehmerischem Weitblick voraussetzte, daß ein durch den Einsatz automatisierter Fertigungseinrichtungen weitaus billigeres Produkt als bis dahin bekannt, sich einen so großen Markt selbst schaffen konnte, daß die Ausnutzung der Fertigungskapazität erreicht und damit die Voraussetzung für die Preisgestaltung erfüllt würde. Daß ähnliche Überlegungen später auch bei anderen Typen, z. B. Volkswagen, Volksempfänger, angestellt wurden, sei am Rande bemerkt. Die richtige Abstimmung der Kapazität bzw. die Schaffung des Marktes, ist für den Einsatz heute technisch möglich gewordener Automatisierungen die bedeutsamste Wirtschaftlichkeitsfrage. Es ist zwar, wie später zu zeigen sein wird, eine besondere Aufgabe der technischen Rationalisierung, die wirtschaftlich notwendige Stückzahl möglichst klein zu halten, aber hier zeigen sich Grenzen, die nicht ohne weiteres überschritten werden können.

Damit muß die Feststellung getroffen werden, daß die Wirtschaftspolitik oder die Wirtschaftsform für den Grad der Automatisierung der industriellen Güterproduktion und für die Schnelligkeit der Einführung der Automatisierung von entscheidendem Einfluß ist. Man hat in den letzten Jahren die Automation – ein Wort, das durch Automatisierung ersetzt werden sollte – die zweite industrielle Revolution genannt. Davon kann, jedenfalls in den industrialisierten Ländern, keine Rede sein, denn Untersuchungen haben gezeigt, daß der Automatisierungsgrad beispielsweise in der Automobilindustrie stetig und verhältnismäßig langsam, d. h. jährlich um etwa 2%, zunimmt.

Zur Begriffserläuterung für den Automatisierungsgrad sei gesagt, daß hierbei ein Arbeitsgang, bei dem der Bedienungsmann in allen Phasen Einfluß auf den Arbeitsfortschritt nehmen muß, mit dem Automatisierungsgrad 0, und ein Arbeitsablauf einschließlich Montage ohne einen direkten Einfluß eines Bedienungsmannes mit dem Automatisierungsgrad von 100% bezeichnet wird.

Die Automatisierung muß also als eine normale Entwicklung betrachtet werden, bei der, wie so häufig, die Zuwachsrate über einen bestimmten Zeitabschnitt betrachtet, progressiv sein kann.

Zentralisierung in der UdSSR

Der Kongreß der International Federation of Automatic Control, der Mitte 1960 in Moskau 800 Wissenschaftler und Ingenieure aus der ganzen Welt mit 400 sowjetischen Ingenieuren und Wissenschaftlern zusammenbrachte, hat erkennen lassen, wie ungeheuer die wissenschaftlichen Anstrengungen in der ganzen Welt verstärkt worden sind und weiter verstärkt werden, um die Automatisierung in ganz anderen Ausmaßen als bisher zu verwirklichen.

Die Moskauer Tagung und die damit verbundene Besichtigung automatisierter Anlagen hat aber auch gezeigt, in welchem Ausmaß das Tempo (der Verwirklichung) der Automatisierung durch die Beeinflussung bzw. Schaffung des Absatzmarktes gesteuert werden kann. Eine Einschränkung der Typenvielfalt, die ja der sowjetischen Wirtschaftsform eigen ist, erlaubt ein sicheres Absatzvolumen, das die Auslastung der Kapazität der Fertigungsanlagen mit höchstem Automatisierungsgrad sicherstellt. Bei voller Berücksichtigung der großen Nachteile dieser Wirtschaftsform darf aber die Gefahr nicht verkannt werden, die sich aus dem Einsatz solcher Anlagen und der dadurch so billigen Massenprodukte für die Wirtschaft anderer Länder ergeben kann. Ich möchte mich jeder wirtschaftspolitischen Stellungnahme hier enthalten, aber ich halte es für meine Pflicht, auf die sich ergebenden Konsequenzen aufmerksam zu machen, wenn von der einen Seite unter Einsatz aller nur denkbaren Forschungsmöglichkeiten mit größtem Aufwand eine Produktion aufgezogen wird, die in voller Ausnutzung der Kapazität gute und billige Massenprodukte erzeugt, während auf der anderen Seite der wirtschaftliche Einsatz technischer Automatisierungsmöglichkeiten nicht verwirklicht werden kann, weil die Vielzahl der Konkurrenzprodukte die für ihre Ausnutzung erforderliche Absatzmenge nicht erlaubt und eine Ausweitung des Marktes nicht möglich ist. Ich werde mir erlauben, gerade auf dieses Problem in der Schlußbetrachtung noch näher einzugehen.

Entwicklung und Lebensstandard

Wenden wir uns nun den wirtschaftlichen und technischen Gesichtspunkten dieser Entwicklung im einzelnen zu. Für diese technologische Weiterentwicklung ist nach dem Kriege der Begriff der Automatisierung zum bestimmenden Faktor geworden. Die Forderung nach einer ständigen Erhöhung des Lebensstandards kann nur durch eine dauernde Produktivitätssteigerung erfüllt werden; d. h. eine Steigerung der Produktion und Ausbringung auf den Arbeitsplatz und den Arbeiter bezogen.

Der Weg über die Arbeitsteilung zur Mengenfertigung und zur Industrialisierung unserer Wirtschaft hat durch viele Einzelmaßnahmen zu der Entwicklung geführt, die für unser Jahrhundert bestimmend geworden ist. Eine Definition des Begriffes der Automatisierung hat mein Kollege Dolezalek folgendermaßen versucht:

„Automatisierung ist die Befreiung des Menschen von der Ausführung immer wiederkehrender gleichartiger Verrichtungen und insbesondere seine Loslösung aus der zeitlichen Bindung an den Rhythmus maschineller und anderer technischer Einrichtungen."

Diese Definition stellt bewußt den Menschen in den Mittelpunkt und dieser Tatsache wird mein Kollege, Prof. Mathieu, in seinem folgenden Referat entsprechend Rechnung tragen. Der Frage, welche Gründe und in welchem Umfang eine Mechanisierung und Automatisierung der industriellen Produktion fordern, ist die amerikanische Zeitschrift „Automation" im Jahre 1959 mit einer Umfrage nachgegangen, deren Ergebnisse in Abbildung 1 dargestellt sind.

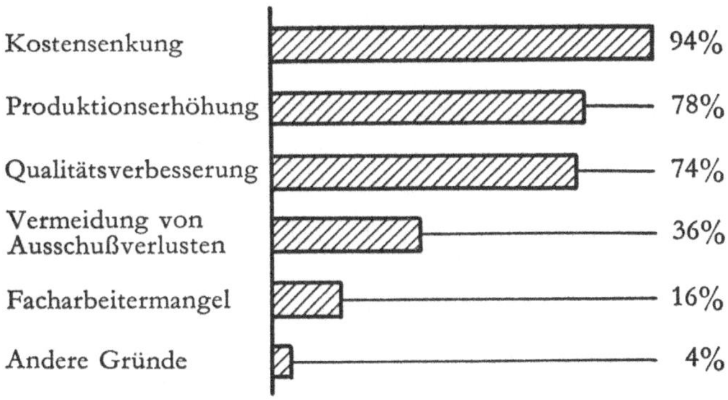

Abb. 1. Gründe der Automatisierung

Hierbei stand das Bemühen um eine Kostensenkung bzw. eine Ausbringungserhöhung an erster Stelle. Qualitätsverbesserungen wurde eine ähnliche große Bedeutung zugemessen, während die Ausschußquote und besonders der Facharbeitermangel in ihrer Bedeutung verhältnismäßig gering eingeschätzt wurden. Eine entsprechende Umfrage würde ganz sicherlich in Deutschland bezüglich des Facharbeitermangels als Grund für eine stärkere Mechanisierung und Automatisierung z. Z. andere Ergebnisse erbringen.

Der gleichen Umfrage entstammt die Abbildung 2, in der gezeigt ist, wie sehr die Automatisierbarkeit in der Fertigung von der allgemeinen technologischen Entwicklung abhängt. Hier ist dargestellt, wieviel Prozent der Fertigung im Jahre 1958 bzw. 1963 der Automatisierbarkeit zugänglich sind. Die Vollautomatisierung, also eine 100%ige Automatisierbarkeit, die 1955 noch mit 16–17% angegeben wurde, wird 1963 nach dieser Vorausschätzung etwa ein Viertel der gesamten Fertigung umfassen. Eine 50%ige

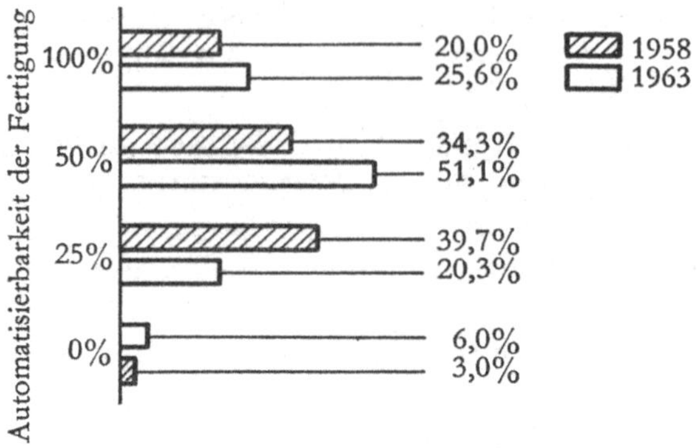

Abb. 2. Automatisierbarkeit der Fertigung

Automatisierbarkeit ist dann bereits auf die Hälfte der gesamten Fertigung ausgedehnt worden. Der relativ geringe Anteil von nur 25 % automatisierten Funktionen in einer Fertigung wird damit von fast 40 % auf nur 20 % der Fertigung zurückgehen.

Zur Zeit ist das Verhältnis von „unbeschäftigten Arbeitsfähigen" zu offenen Stellen 1 : 7. Das heißt, die Lage auf dem Arbeitsmarkt legt es vielen Unternehmen dringend nahe, Lohnstunden durch Maschinenstunden auszugleichen.

Der Automatisierungsgrad

ist, wie bereits angedeutet, gekennzeichnet durch den Anteil der Funktionen bzw. Bewegungen und Teilabläufe, die innerhalb des Gesamtablaufes selbsttätig aufeinander folgen. Untersucht man nun den Zusammenhang zwischen dem Automatisierungsgrad und der damit verbundenen Produktivität und den übrigen Einflußfaktoren, so ergeben sich grundsätzliche Zusammenhänge, wie in Abbildung 3 dargestellt.

Die Produktivität steigt degressiv mit wachsendem Automatisierungsgrad an. Das heißt, der Mehraufwand für eine zusätzliche Produktivitätssteigerung wächst stärker oder der Nutzeffekt der eingesetzten Mittel wird mit steigendem Automatisierungsgrad immer kleiner.

Im Gegensatz dazu verhält sich der für einen erhöhten Automatisierungsgrad notwendige Kapitalaufwand progressiv, so daß der Mehraufwand im Bereich eines hohen Mechanisierungsgrades bis zur Vollautomatisierung unverhältnismäßig groß ist.

Der dritte Kurvenzug zeigt die Tendenz der Elastizität in Abhängigkeit vom Automatisierungsgrad. Während bei einer wenig mechanisierten Anlage die Umstellbarkeit auf Produkte und Werkstücke anderer Art groß und wegen des geringen Fixkostenanteiles die Abhängigkeit vom Produktionsvolumen relativ gering ist, wird die Umstellbarkeit mit wachsender Automatisierung schwieriger und teurer und die Abhängigkeit von der Beschäfti-

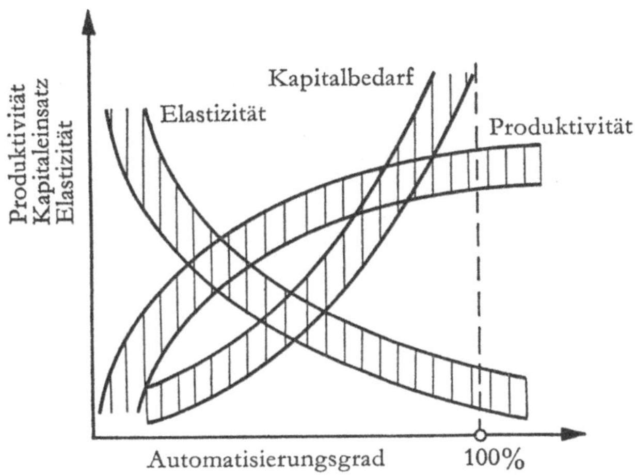

Abb. 3. Zusammenhang zwischen Automatisierungsgrad, Produktivität, Kapitalbedarf und Elastizität

gung ebenfalls starrer. Diese Zusammenhänge zwischen Automatisierungsgrad, Produktivität, Kapitalaufwand und Elastizität bestehen sowohl für die gesamtbetrieblichen Zusammenhänge wie auch für den Einzelprozeß oder die einzelne Operation und Anlage.

Abbildung 4 zeigt die Vergrößerung des Ausstoßes pro Zeiteinheit bei steigendem Automatisierungsgrad sowie den für den jeweiligen Automatisierungsgrad notwendigen Kapitalbedarf, prozentual gegenüberstellt. Das Streufeld des Kapitalbedarfs verläuft stark progressiv.

Moll leitet aus dieser Untersuchung einige grundsätzliche Folgerungen ab. Mit steigendem Automatisierungsgrad steigt der Kapitalmehrbedarf progressiv, die Produktionserhöhung oder die Produktivität degressiv. Aus dieser Tatsache ergibt sich ein in diesem Beispiel für Drehmaschinen etwa bei 75 % liegender Grenzwert, bis zu dem eine steigende Automatisierung eine zum Kapital-Aufwand unverhältnismäßig höhere Produktionsleistung

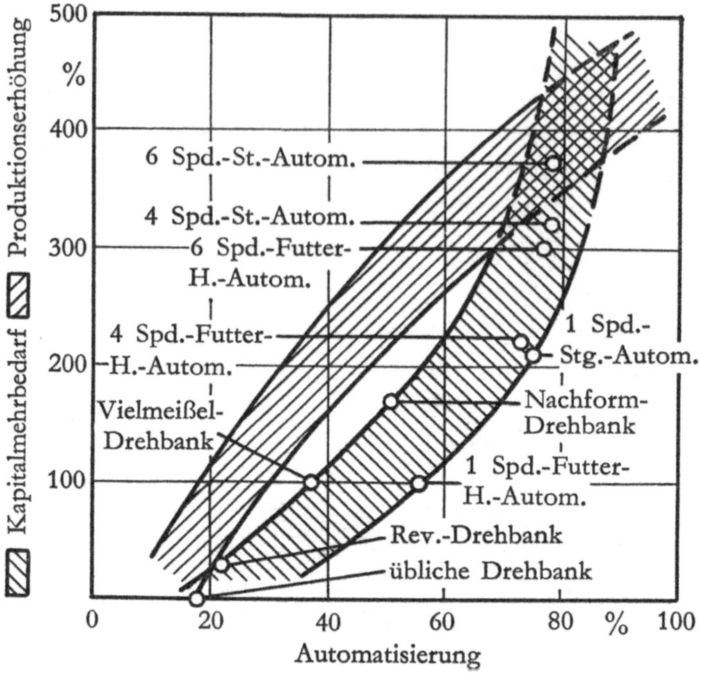

Abb. 4. Kapitalmehrbedarf und Automatisierungsgrad bei Drehmaschinen (nach Moll)

ergibt. Bis zu diesem Grenzwert ist die Automatisierung ein zwingendes wirtschaftliches Gebot, wo immer vom Werkstück her die Voraussetzungen dafür bestehen. Dieser Grenzwert wird im wesentlichen durch den Stand der technischen Entwicklung, das Lohnniveau und den Kapitalmarkt bestimmt.

Der Einfluß der Stückzahlen auf die Wirtschaftlichkeit

automatisierter Anlagen sei an folgendem Beispiel erläutert (Abb. 5).

Eine Radnabe kann mit Hilfe von 4 unterschiedlichen Fertigungsverfahren hergestellt werden, die sich zunächst durch ihren Mechanisierungsgrad oder Automatisierungsgrad unterscheiden. Der Vergleich ist durchgeführt für eine Universaldrehbank, deren Kapazität 4500 Werkstücke pro Jahr beträgt, für eine Revolverdrehbank mit einer Kapazität von 6300 Werkstücken, für eine automatische Kopierdrehmaschine, die 16 000 Werkstücke pro Jahr herzustellen gestattet und für einen Vertikal-Sechsspindel-Automat (eine

Bullardmaschine), deren Kapazität für dieses Werkstück und die bezeichneten Operationen 42 000 Werkstücke beträgt. Die direkten Lohnkosten sinken mit steigendem Automatisierungsgrad von 39 % auf 5 % ab, während die maschinengebundenen Gemeinkosten von 61 % auf 95 % ansteigen.

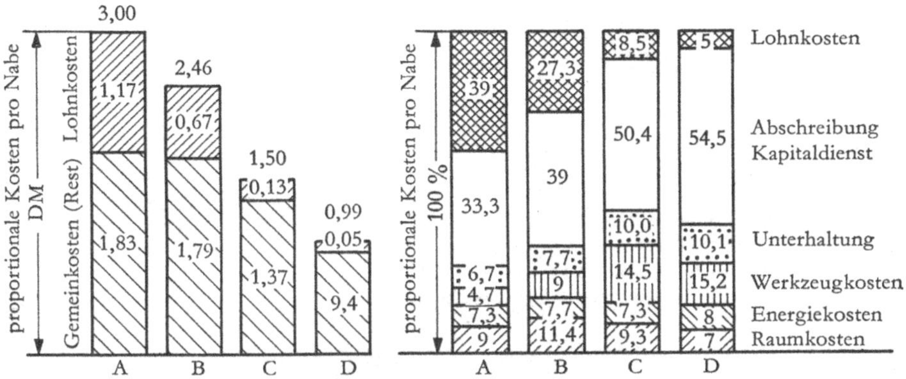

Abb. 5. Vergleich von absoluten und proportionalen Kosten für 4 verschiedene Fertigungsverfahren einer Radnabe

Dies ist weitgehend bedingt durch die hohe Investition und den damit steigenden Fixkostenanteil, den jedes gefertigte Werkstück von der Maschinenabschreibung und Verzinsung, d. h. vom Gesamtkapitaldienst, zu tragen hat.

In der linken Hälfte des Bildes wird deutlich, wie die absoluten Kosten pro Stück mit höherem Automatisierungsgrad von 3,– auf weniger als 1,– DM sinken. In der rechten Hälfte sind diese Kosten proportional aufgetragen, wobei insbesondere der steigende Anteil des Kapitaldienstes dem ein sinkender Anteil an direkten Lohnkosten gegenübersteht, deutlich wird.

Mit der Tatsache des steigenden Fixkostenanteiles pro Stück bei wachsendem Automatisierungsgrad werden wir uns noch im einzelnen beschäftigen.

Im vorliegenden Beispiel steigen die Investitionssummen für die einzelnen Anlagen von 30 000 auf 150 000 DM; und wie das Bild zeigt, steigt damit die Kapazität pro Jahr von 4 500 auf 42 000 Werkstücke. Während die Investitionssumme um das Fünffache wächst, wächst die Kapazität der Anlage nahezu um das Zehnfache.

Auf die Tatsache, daß sich die geringen Kosten und damit ein geringer Stückpreis nur über große Stückzahlen erreichen lassen, wird in Abbildung 6 eingegangen.

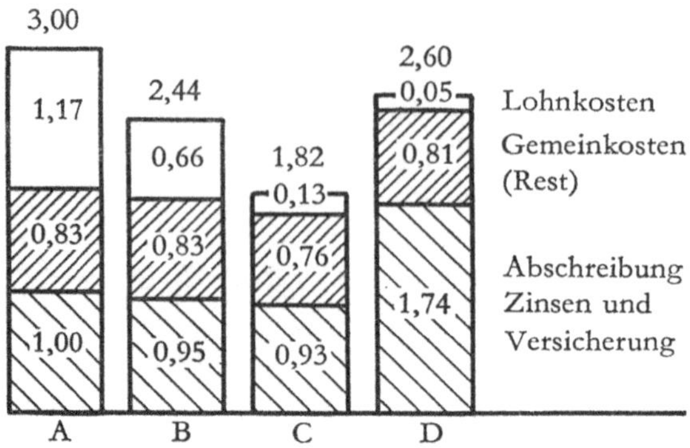

A	Universaldrehbank	13 000	Werkstücke pro Jahr
B	Revolverdrehbank	13 000	„ „ „
C	autom. Kopierdrehbank	13 000	„ „ „
D	Vertikal-Sechsspindelautom.	13 000	„ „ „

Abb. 6. Fertigungskosten pro Stück, wenn die Jahresaufbringung auf 13 000 Naben sinkt

Hier sind die Kosten ermittelt unter der Voraussetzung, daß wegen der Absatzstruktur nur 13 000 Werkstücke pro Jahr produziert werden können. Für das Verfahren 1 und 2 ändern sich die Kosten dabei nicht, da man durch eine Verdreifachung bzw. im Fall der Revolverdrehbank eine Verdoppelung der Anlagen die gleiche Stückzahl zum gleichen Stückpreis fertigen kann. Erst im dritten Fall bei der automatischen Kopierdrehbank, deren Kapazität 16 000 Werkstücke beträgt, tritt eine deutliche Unterbeschäftigung auf. Die Fixkosten aus der Investition sind auf weniger Werkstücke umzulegen, und der Stückpreis steigt von 1,50 auf 1,82 DM. Für den Sechsspindel-Automaten fällt die Beschäftigung auf etwa 30 %, was zur Folge hat, daß die Stückkosten auf das Zweieinhalbfache ansteigen, wenn die Maschine, wie das bei Einzweckanlagen beispielsweise der Fall sein kann, sich nicht für die Produktion ähnlicher Werkstücke umrichten läßt.

Der Weg zur Vollautomatisierung ist aus wirtschaftlichen Erwägungen in den meisten Fällen nicht gangbar, so daß Möglichkeiten der Teilautomatisierung gesucht wurden, bei denen der Forderung nach geringen Stückzeiten, hoher Genauigkeit und relativ leichter Umstellbarkeit Rechnung getragen wird.

Automatisierung kleiner Stückzahlen

Nun gibt es inzwischen eine Reihe von Maschinen und Anlagen, die auch für kleinere Stückzahlen eine automatische oder zumindest hochmechanisierte Fertigung ermöglichen, und bei denen die Forderung nach hoher Elastizität im Hinblick auf das Fertigungsprogramm weitgehend erfüllt ist.

Zu nennen sind hier die Mehrwege-, Rundtisch- oder Trommelmaschinen, Halb- und Vollautomaten sowie insbesondere die in den letzten Jahren entwickelten Aufbaueinheiten. Dies sind Dreh-, Fräs-, Bohr- und Vorschubeinrichtungen, die je nach Bedarf zu Sondermaschinen zusammengesetzt werden können.

Diese Aufbaueinheiten (Abb. 7) sind durch Transfereinrichtungen verbunden. Wenn auch die Umbauzeiten für eine andere Fertigung relativ lang sind, so lassen sich diese Einheiten doch für einen großen Programmbereich einsetzen.

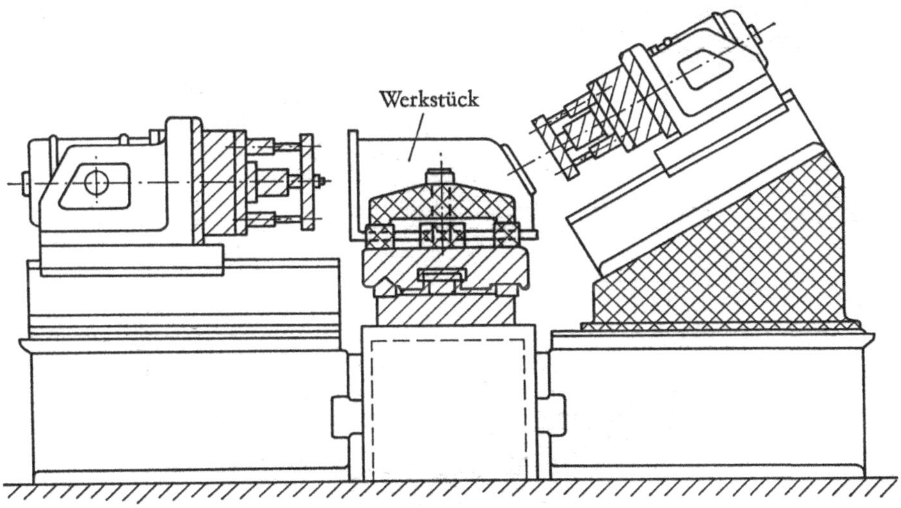

Abb. 7. Aufbau-Werkzeugmaschine

Nach einem im letzten Jahr entwickelten Vorschlag des VDI werden die wesentlichen Abmaße, insbesondere die Anschlußmaße dieser Einheiten genormt, um eine möglichst vielseitige Verwendung von Einheiten verschiedener Hersteller zu ermöglichen.

Dies hat im Hinblick auf die bereits erwähnte Bedeutung der Fixkosten den Vorteil, durch längere Abschreibungszeiten solcher Anlagen einen wesentlich geringen Fixkostenanteil in die Kalkulation einsetzen zu können. So können beispielsweise viele Elemente einer Motorblock-Transferstraße nur für die Bearbeitung dieses einen Blockes eingesetzt werden, und daher muß die Investition dieser Elemente in kurzer Zeit amortisiert werden. Andere Elemente einer solchen Straße, wie Förderungseinrichtungen, Standardbohrköpfe usw. können für eine andere Produktion umgerichtet werden. Demgemäß werden die Abschreibungszeiten für die einzelnen Elemente einer Einzwecktransfereinheit sehr unterschiedlich sein.

Für 70 % des Investitionswertes der Anlage ist eine 10jährige Abschreibungsperiode angenommen worden, während dem Rest von 30 %, die speziell ausgelegten Teile, die einer schnellen Veralterung unterliegen, mit einer nur 3jährigen Abschreibungsperiode Rechnung getragen wurde.

Die kostenseitige Auswirkung einer Konstruktion der beschriebenen Art soll im folgenden Diagramm verdeutlicht werden.

Ein Teil der Anlagen ist nur dem technischen Verschleiß unterworfen und ergibt damit eine festdefinierte Abschreibungsperiode und einen festen Kostensatz pro Stück (Abb. 8). Für die übrigen speziell ausgelegten Teile der Anlage, die mehr durch die wirtschaftliche als durch die technische

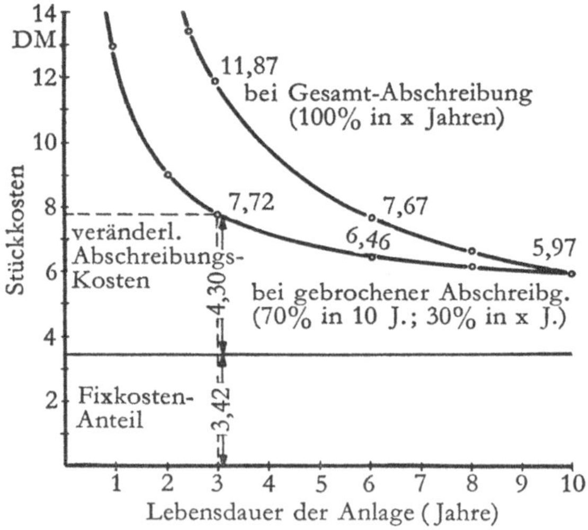

Abb. 8. Einfluß der gebrochenen Abschreibungen auf die Stückkosten

Lebensdauer charakterisiert sind, ist der Abschreibungssatz nicht mit gleicher Genauigkeit festzusetzen. Die Kurve zeigt die Veränderung der Stückkosten unter der Annahme konstanter Beschäftigung bei veränderter Abschreibungszeit. Die darüberliegende Kurve zeigt dagegen den Kostenverlauf, wie er sich ergeben würde, wenn die gesamte Anlage als ganzes unter verschiedenen Perioden abgeschrieben wird. Die Möglichkeit, die Anlagen in gewissem Rahmen umbauen zu können und dem Programm anzupassen, bietet also bedeutende Kostenvorteile.

Kriterium Wirtschaftlichkeit

Diese Betrachtungen zeigen deutlich, daß die technologischen Probleme und Möglichkeiten immer unter dem Gesichtspunkt der Wirtschaftlichkeit untersucht werden müssen, d. h., der technische Wertbildungsprozeß muß nach kostengerechten Gesichtspunkten analysiert und beurteilt werden, wenn man sich ein Bild über die wirtschaftlichen Auswirkungen eines solchen Prozesses und die Veränderung eines solchen Prozesses verschaffen will.

Zwei Dinge sind bei jeder Automatisierung zu erarbeiten: Einmal muß der technologische Ablauf des zu automatisierenden Vorganges aus dem Zusammenspiel und der gegenseitigen Abhängigkeit aller vorkommenden Einflußgrößen erfaßt werden und zum zweiten müssen die Elemente der Steuerungs- und Regeltechnik mit den für den Arbeitsvorgang spezifischen Bauelementen der Produktionseinrichtungen verbunden werden und die Gesetzmäßigkeiten für die Optimierung des Prozesses gefunden sein. In vielen Fällen wird die höchste Präzision in der Funktion der Regelgeräte erst die Durchführung eines Arbeitsprozesses unter den für einen optimalen Wirkungsgrad erforderlichen Bedingungen erlauben, wenn dabei zugleich die Sicherheit gegeben ist, daß die u. U. katastrophalen Folgen einer größeren Regelabweichung vermieden werden können.

Die gesamte Kerntechnik ist ein Beispiel dafür, daß wirksame Kontrollsysteme es dem Menschen ermöglichen, äußerst gefährliche Reaktionen vorteilhaft auszunutzen. Das unbeschränkte Vertrauen zu der automatischen Anlage ist die Voraussetzung dafür, Prozesse möglichst nahe an den kritischen Operationsbedingungen, d. h. in einem möglichst günstigen Bereich, durchführen zu können.

Doch nun zu den Fragen und Problemen der technischen Durchführung der Automatisierung.

Hierbei wird zwischen der Automatisierung in der Fließgüterherstellung und in der Stückgüterherstellung unterschieden, da die Aufgaben und die bisher beschrittenen Wege sehr unterschiedlich sind.

Bei der Stückgüterherstellung ist ferner zwischen Einzel- und Massenfertigung zu unterscheiden, damit die chronologische Entwicklung und der Stand der Technik übersichtlicher werden.

Die Automatisierung in der Fließgüterherstellung

ist seit den Anfängen der Grundstoff-Industrie und der Großchemie bekannt. Hier handelt es sich hauptsächlich um eine automatische Überwachung und Regelung einmal vorgegebener Bedingungen (Druck, Temperatur, Arbeitsgeschwindigkeit, Abmessungen wie Banddicke etc.). Dieser Bereich sei durch ein Beispiel charakterisiert.

Abbildung 9 zeigt die Datenverarbeitung für eine Kaltbandtandemstraße, wobei die Röntgenstrahlung zur kontinuierlichen Dickenmessung benutzt wird. Hier wird ein vorgegebenes Walzenprogramm als Sollwert auf Lochkarten gespeichert, vorgegeben und mit der Bandlänge und Banddicke dauernd verglichen und bei Abweichung zwischen Soll- und Istwert automatisch nachgestellt.

Die Automatisierung derartiger Arbeitsabläufe ist – wie allgemein bei der Fließgüterfertigung – weniger problematisch, da solche Anlagen hinsichtlich des Fertigungsprogrammes starr ausgelegt werden können.

Im Bereich der Stückgüterfertigung

bietet die Automatisierung oft ungleich größere Probleme, da nur bei sehr großen Stückzahlen ähnlich starre Fertigungsanlagen wirtschaftlich arbeiten. Es muß unterschieden werden zwischen der *Einzelfertigung und der Fertigung großer Stückzahlen.* Ferner ist hierbei selten, wie bei der Fließgüterherstellung, eine Automatisierung des gesamten Prozesses möglich, sondern es handelt sich vielmehr um die Automatisierung einzelner Aufgaben, wie beispielsweise der Automatisierung der *Bearbeitung* des *Werkstückwechsels,* des *Werkzeugwechsels,* des *Meßvorganges* (Meßsteuerung), des *Werkstücktransportes,* der *Montage* usw. Hierzu einige Schemabilder.

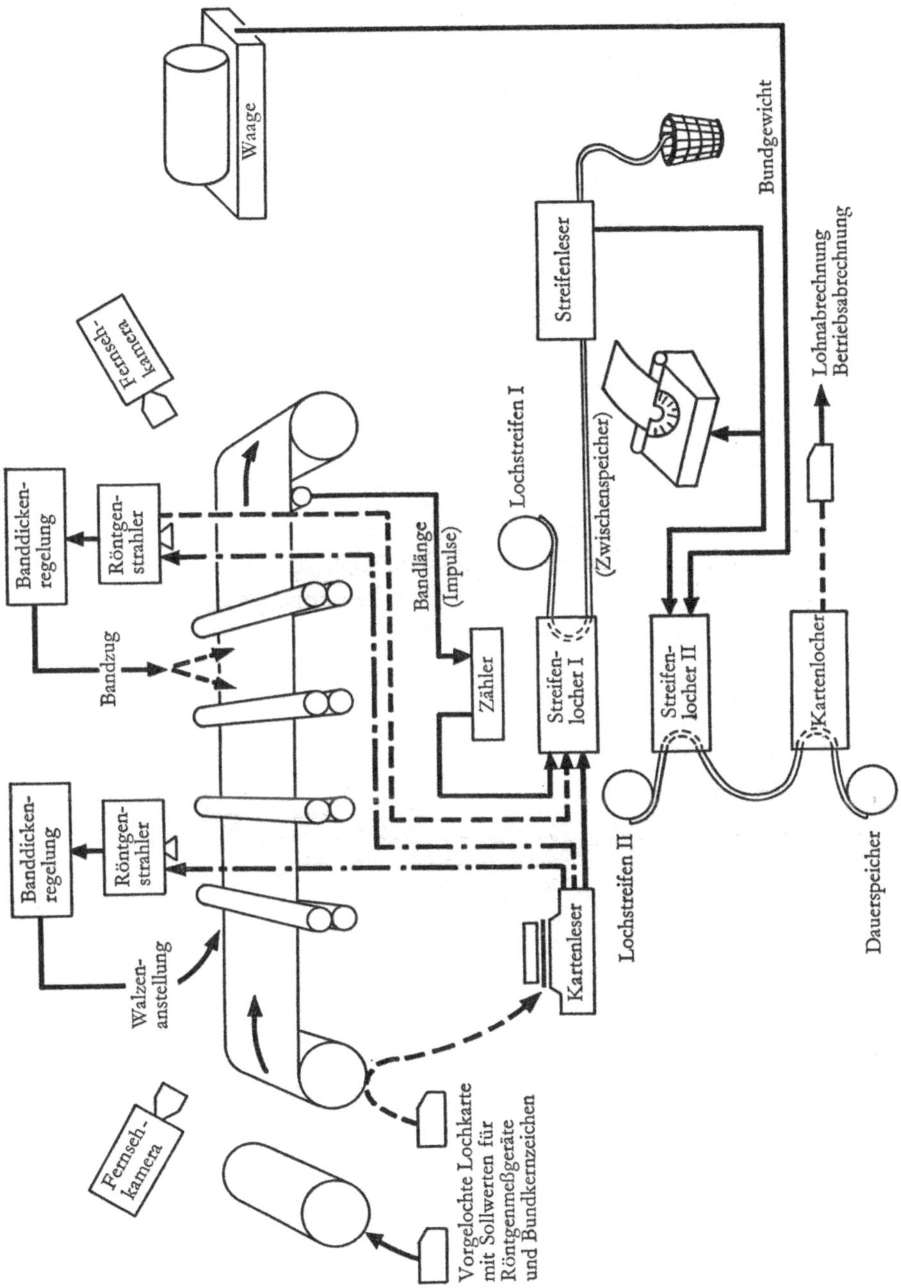

Abb. 9. Datenverarbeitung für eine Kaltband-Tandemstraße

Bild 10 zeigt die Anlieferung zur Bearbeitung, Zwischentransport zum Meßvorgang, Abtransport nach dem Messen.

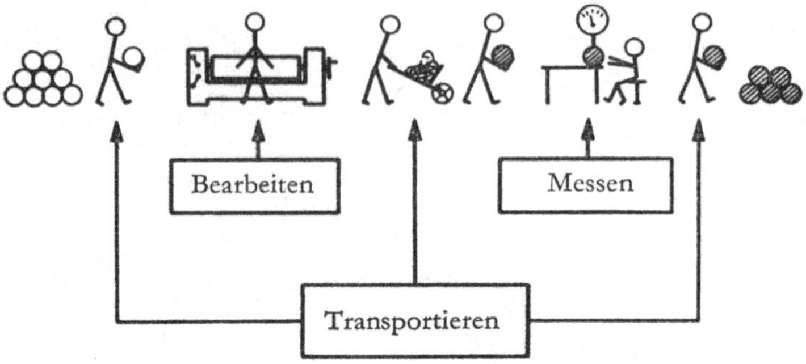

Bild 11 zeigt verschiedene Stufen der Automatisierung für den Bereich der Stückgutfertigung, etwas vergleichbar dem zuvor gezeigten Bild, wo die

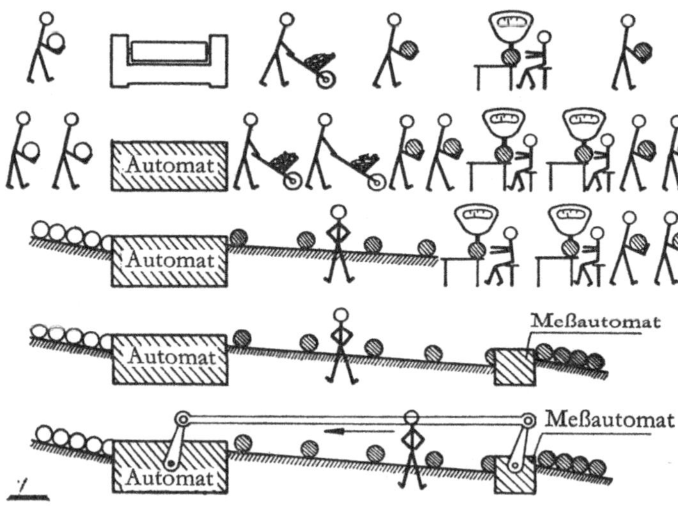

Abb. 11. Stufen der Automatisierung

Entwicklung in der Fließgüterfertigung am Beispiel einer Blechstraße schematisch dargestellt wurde.

Die Automatisierung in der Fertigung großer Stückzahlen (starr)

Die Fertigung großer Stückzahlen, ähnlich der zu Beginn angeschnittenen Fertigung von Fließgütern, ist seit Beginn der Industrialisierung aufgegriffen worden, da wegen der Häufigkeit sich wiederholender Vorgänge die Automatisierung leichter durchführbar war und wirtschaftlich eher Erfolg versprach (Großchemie, Grundstoffindustie, Fertigung von Massengütern, Ford-T-Modell). Die heutige Massenfertigung von Konsumgütern wäre ohne die 50jährige Entwicklung der Automatisierung in diesem Bereich nicht denkbar.

Die Automatisierung in der Kleinserien- und Einzelfertigung

(also für kleine Stückzahlen) ist erst in den letzten Jahren in Angriff genommen worden. Sie verlangt eine leicht umstellbare, flexible Fertigungsmethode, die im wesentlichen durch einen außerhalb der Maschine programmierbaren Speicher für die Information zur Steuerung der Maschine und des *Arbeitsablaufes* charakterisiert wird.

Speicher sind: Nockentrommeln, Nockenleisten, Kopierschablonen, Kurvenscheiben etc. für mechanische Eingabe. Lochkarten, Lochstreifen, Magnettonbänder werden für eine numerische Eingabe der Programmwerte zur Steuerung des Arbeitsablaufes verwandt.

Beim automatischen Arbeitsablauf in der Einzelfertigung sind grundsätzlich zwei Arten von Bewegungen zu unterscheiden.

1. *Die Hauptbewegung* in Richtung der zu erzeugenden Oberfläche. Hierbei ist die Geschwindigkeit der Bewegung gleich der Schnittgeschwindigkeit bzw. der Umformgeschwindigkeit. Die *erforderliche Genauigkeit* ist hier relativ *gering*, da die Werkstückgenauigkeit nicht wesentlich von Störungen der Hauptbewegung beeinflußt wird. Wegen der geringen Anforderungen an die Genauigkeit Verwendung von Steuerungen, z. B. Getriebe, Kupplungsautomaten, v = konstant-Regelung.

2. *Die Nebenbewegung* oder Hilfsbewegung kennzeichnet die Vorschubbewegung, Zustellbewegung oder die Verstellung selbst. Die *erforderliche Genauigkeit* ist hierbei u. U. *sehr hoch* und bestimmt weitgehend die Werkstückqualität. Hier werden deshalb Einzelpunktsteuerungen verwandt, bei denen der Informationsumfang gering, die Anforderung an die Arbeitsgenauigkeit, die Abschaltgenauigkeit jedoch groß ist.

Die technischen und wirtschaftlichen Aspekte der Automatisierung, die ich Ihnen hier in Kürze vorzustellen versuchte, sind in ihrer Auswirkung und in ihrem Einfluß von der gesamtwirtschaftlichen Entwicklung nicht zu trennen. Die Frage der Vollbeschäftigung, die Frage der steigenden Löhne, das Problem der Preisgestaltung, der verkürzten Arbeitszeit usw. stehen in enger Wechselwirkung mit der technologischen Weiterentwicklung.

Typenbeschränkung

Ich habe zu Beginn meines Vortrages bereits meiner Sorge Ausdruck gegeben, daß im westdeutschen wie im westeuropäischen Raum überhaupt der meines Erachtens übertriebene Individualismus des Unternehmertums in der freien Wirtschaft eine vernünftige und wirtschaftliche Typenbeschränkung und die notwendige Vereinheitlichung von Massenkonsumgütern bisher über Gebühr erschwert hat, wodurch vielfach in der Fertigung die Stückzahlen, die für eine vollautomatisierte Produktion erforderlich werden, nicht erreicht werden können; was auf der anderen Seite zu höheren Preisen und damit zu einem geschmälerten Nutzen für den Konsumenten führt.

Der zentralisierte Dirigismus der planwirtschaftlich gelenkten Staaten kann hier auf dem Wege der Anordnung die Größe des Marktes weitgehend bestimmen. Erfreulicherweise sind jedoch auch in der westlichen Wirtschaftsform Konzentrationsbewegungen zu erkennen, so daß der Einsatz und die volle Ausnutzung automatisierter Anlagen möglich wird, wie zum Beispiel in der chemischen Industrie bei der Herstellung synthetischer Werkstoffe. Das große Risiko für die Neuanlagen in diesem Wirtschaftsbereich ist in Deutschland im Gegensatz zu vielen anderen Ländern von der Privatinitiative eines Kreises von Unternehmern getragen worden. Auf Grund der Erfahrungen, die man heute auf dem Gebiet des Synthesekautschuks und seiner Vorprodukte hat, ist aber anzunehmen, daß die Polymerisations- und Aufbereitungsbetriebe mit höherer Leistung, als ursprünglich angenommen wurde, und mindestens für die Zeitdauer der normalen Amortisation Beschäftigung finden. Das heißt, das Risiko, das mit der Aufbringung und Investition der großen Summen verbunden ist, die für Anlagen dieser Art erforderlich sind, kann nur von mehreren Unternehmen gemeinsam getragen werden. Das unternehmerische Risiko einer Gesellschaft, die lediglich ein bestimmtes Massenprodukt herstellt, das nicht nur im Wettbewerb mit dem entsprechenden Naturprodukt steht, sondern das sich auch in heftiger Konkurrenz mit überragenden Kapazitäten der amerikanischen Industrie und den sich entwickelnden europäischen Produktionen befindet, kann nur auf dem Weg über eine Gemeinschaftsgründung von großen Firmen getragen werden, die durch das Gewicht ihrer eigenen Produktion in der Lage sind, einen Risikoausgleich zu schaffen. In der Praxis ist dieser Situation beispielsweise dadurch Rechnung getragen worden, daß von vier Gesellschaften ein Gewinn- und Verlustausschließungsvertrag abgeschlossen wurde, womit diese für die Erfüllung einer groß angelegten unternehmerischen Aufgabe unmittelbar einstehen.

Konzentration

Ein weiteres Beispiel aus dem Bereich des Werkzeugmaschinenbaues, das hier Erwähnung finden sollte, ist der Zusammenschluß der Vereinigten Drehbankfabriken (VDF), indem seit 26 Jahren vier Fabrikanten ihre Erfahrungen austauschen, eine gemeinsame Typenreihe von Erzeugnissen – untereinander aufgeteilt – produzieren und in einer gemeinsamen Vertriebsgesellschaft auf den Markt bringen. Die Produktion ist entsprechend der Kapazitäten auf die einzelnen Werke verteilt. Unabhängig von diesem Zusammenschluß für den Bereich des Drehbankbaues produziert jedes der beteiligten Unternehmen Produkte eigener Art die auch in eigener Regie vertrieben werden.

Ähnliche Konzentrationsbewegungen lassen sich zur Zeit in der englischen Flugzeugindustrie betrachten oder beispielsweise auch in der westdeutschen Automobilindustrie; ich denke da an die Verbindung Daimler-Benz und DKW oder im Motorenbau zwischen den Daimler-Benz und Maibach.

Darüber hinaus bahnt sich aber über Lizenzverträge eine weitere Verflechtung des Kapitals über den nationalen Rahmen hinaus sowie insbesondere auch ein intensiverer Austausch der Erfahrungen an; beispielsweise im Traktoren- oder Triebwerkbau zwischen KHD und Bristol, BMW-General Elektrik, im Triebwerkbau MAN – DEMAG – Krupp – BBC – eine kalifornische Firma im Reaktorbau etc.

Hier ergeben sich die Möglichkeiten, die Vorteile, die eine staatlich gelenkte Wirtschaft durch Konzentration und gemeinsame Ausrichtung hat, auf freiwilliger Basis in mindestens dem gleichen Umfang für unseren Wirtschaftsbereich auszunutzen.

Die Fortschritte, die die Wirtschaft der Sowjetunion bisher durch Einsatz und Übertragung von Wissenschaft und Forschung in die industrielle Praxis erreicht hat, sind beachtlich, und die Zuwachsrate wird selbst von vorsichtigen Beobachtern mindestens in die gleiche Größenordnung eingereiht, wie sie für die Bundesrepublik erreicht bzw. geschätzt wurde. Auch bei einigen Satellitenstaaten, z. B. der Tschechoslowakei, ist die Wachstumsrate groß. Die Entwicklung in China gibt zu Befürchtungen Anlaß, zumal bekanntgeworden ist, daß dort die vom Westen gelieferten modernsten Produktionsmittel sehr gut und mit großem Verständnis ausgenutzt werden. Der Fortschritt des Westens wird gehemmt durch Typenwirrwarr und ungenügende Übertragung wissenschaftlicher Forschungsergebnisse in die Praxis. Der Vollbeschäftigung des Ostens und einiger europäischer westlicher Länder steht zur Zeit eine Kapazitätsausnutzung der amerikanischen Wirtschaft mit 50 % in einigen Bereichen entgegen. Der Konzentrationsbewegung, die sich aus der Erkenntnis der Gegebenheiten moderner Technik ableitet, stehen Konzentrationsbekämpfungsmaßnahmen der Staaten gegenüber. Auf der Tagung der Gesellschaft für Wirtschaft und Sozialwissenschaften in Bad Kissingen streiten sich nach Zeitungsberichten die Wissenschaftler über Konzentrationsförderung und Konzentrationsbekämpfung. Mir scheint, daß Professor Salin aus Basel recht hat, wenn er die Auffassung vertritt, die Konzentration ist Ausdruck und Motor der industriellen Gesellschaft und eine notwendige Begleiterscheinung des technischen Fortschritts. Die Zeit drängt zu Entscheidungen, die auf dem wirklichen Kreis der Entwicklung beider Extreme beruhen. Die Wissenschaft hat die Aufgabe, die mit der Automatisierung und damit Rationalisierung zusammenhängenden Probleme in viel größerer Breite und größerer Intensität als bisher anzufassen. Eine besondere Aufgabe, die von der früher bestehenden, leider in den letzten Jahren zum Stillstand gekommenen Arbeitsgemeinschaft für Rationalisierung des Landes Nordrhein-Westfalen aufgegriffen wurde und unbedingt weitergeführt werden sollte, ist die Zusammenführung von Wissenschaft und industrieller Praxis, um in diesen Gesprächen die Übertragung neuer Erkenntnisse an die Praxis zu fördern und zu beschleunigen.

Summary

The task of automatization as that of a subgroup of the system of complete rationalization can best be expressed by the demand to increase the quantity and the quality of products and services of all kinds, and at the same time to lower the necessary expenditure of time and costs. In addition the fixed capital investment share of the per-single-production-unit cost has to be kept as low as possible and an reduction in the number of the necessary operating personnel for any particular production process is to aimed at.

The close inter-connection of technical and economic factors makes it necessary to assess and evaluate the existing technical facts and developments from the point of view of their economic result.

The concept of the term 'unemployment' stood at the outset of the development of the entire production technique which was so decisively influenced by Taylor's work and ideas. Owing to the fact that with an increasing degree of automatic control the cost for a given plant are progressively increasing, the capital expenditure is only economically to be sustained if the capacity of the plant involved can be fully exploited through a corresponding number of units produced. Here, of course, market-technical considerations play an important part.

As compared with their European counterparts, the American and Russian conditions show a greater standardization of standards as well as greater typification etc., and thereby provide the possibility to achieve a greater production volume which is the preliminary condition for the economic utilization of highly mechanized and automatized plant equipment. The reasons which are conducive to automatization are being discussed and it is shown by means of American investigations which sort of development at the present level of knowledge and science is to be expected in the coming years. It is assumed that by the year 1963 to approximately 25 per cent of the entire production, automatized production processes can be applied. By means of examples the influence of the number of units produced on the economic efficiency in the case of processes of differing degrees of automatization are being demonstrated. The question of full and part automatization as well as the question of complete coverage of cost and the treatment of calculatory capital cost is comprehensively dealt with. Their is a differentiation between automatization in the assembly-line production and the piece goods production; in the case of the latter the automatization of the various tasks, of the processing, of the change of the work piece, of the change of tools, of the measuring methods, of the transportation of the work piece and that of the assembly and many others constitute the real technical problem, whereas the coordination of the various functions of the entire process constitutes in the first line a matter that has to be considered from the economic point of view.

For the process of mass production, the production in small batches and single-part production there is the necessity of completely different solutions. The question of automatization of the main and secondary movements has to be assessed from the functional side of any given problem, whereby especially the required degree of precision decides the type of the chosen solution.

The necessity to counter the inherent possibilities of a centrally directed dirigisme in those countries with a state planned economy by means of integration in the field of free enterprise on a voluntary basis in order to make full use of the advantages of modern production methods – which become only economically utilizable at a certain minimum output figure – are in conclusion especially highlighted.

Résumé

Le rôle de l'automation considérée comme partie de la rationalisation peut se définir ainsi: augmenter la quantité et la qualité des produits et des services de tous genres et diminuer simultanément les dépenses nécessaires de temps et d'argent. Le corollaire de ce principe est de maintenir aussi petit que possible la portion de capital fixe à amortir par unité produite et de viser à alléger la tâche des êtres humains dont le travail est nécessaire pour la production.

L'association intime des facteurs technologiques et économiques demande que les faits et les évolutions techniques soient mesurés et appréciés d'après leurs résultats économiques.

L'idée de chômage se manifeste au début de l'évolution qui devint décisive pour toute la technique de la production grâce aux travaux et aux pensées de Taylor.

Le degré d'automation croissant fait monter progressivement les frais d'une installation; mais cette dépense n'est justifiable économiquement que quand la capacité de cette installation est exploitée à fond et que la quantité produite y répond. Les considérations du point de vue du marché jouent ici un rôle non sans importance.

En comparaison du marché européen, les productions américaines et russes présentent une uniformisation plus poussée (standards, alignement sur types) et partant la possibilité de productions plus volumineuses qui sont la condition primordiale de la mise en place d'installations de mécanisation et d'automation poussées.

L'exposé étudie les raisons qui mènent à l'automation et exposé, en s'appuyant sur des enquêtes américaines, le développement auquel on peut s'attendre dans les années prochaines si l'on prend la situation actuelle pour point de départ. L'automation complète pourrait fort bien s'étendre à 25 % des fabrications d'ici 1963.

Des exemples illustrent l'influence du nombre de pièces produites sur la rentabilité de procédés de différents degrés d'automation. L'auteur reprend ensuite en détails les questions de l'automation totale et partielle, ainsi que celles de la couverture complète des frais et du calcul des frais de capital.

Il faut distinguer l'automation du travail à chaîne et de la fabrication à la pièce; dans ce dernier cas, le problème technique réellement posé est l'automation de chacune des opérations telles que façonnage, changement de pièce à travailler, changement d'outil, mesure, évacuation des pièces, montage des éléments, etc; la coordination des diverses opérations aboutissant à la pièce finie doit en premier lieu être jugée du point de vue rentabilité.

La solution de ces problèmes est tout à fait différente quand il s'agit de fabrication en grandes séries, en petites séries ou à la pièce. Il faut encore distinguer l'automation des opérations principales et celle des opérations accessoires; le genre de solution est alors déterminé surtout par la précision exigée.

En conclusion, l'auteur traite avec insistance de la nécessité de faire aux possibilités du dirigisme centralisé dans les Etats à économie planifiée en uniformisant de plein gré, dans les pays d'économie libre, pour arriver ainsi à une réduction raisonnable des nombres de types qui permette de bénéficier des avantages des méthodes de fabrication les plus modernes; ces méthodes ne sont applicables de façon rentable qu'à partir d'un certain nombre de pièces fabriquées.

Arbeitswissenschaftliche Aspekte der Automatisierung

Professor Dr.-Ing. *Joseph Mathieu*, Aachen

Seit etwa 1955 bis in das vorvergangene Jahr hinein war weit über die Kreise der Fachleute und Fachgremien und der von ihnen zu erörternden Probleme hinaus deutlich ein wachsendes Interesse auch der breiten Öffentlichkeit an Fragen der Automatisierung zu beobachten. Ebenso deutlich zeigte es sich, daß dieses Interesse durch ein merkwürdiges Gemisch aus Bewunderung, Hoffnung und Besorgnis gespeist wurde. Mindestens unterschwellig, das war und ist noch immer deutlich zu spüren, verbindet sich mit dem Gedanken an weiter zunehmende Automatisierung ganz allgemein die geheime Furcht, daß es jedem einzelnen widerfahren könne, dadurch bereits in naher Zukunft in seiner persönlichen Lebensform entscheidend betroffen zu werden. Aber auch darauf erstreckt sich die Furcht, daß durch dieselbe Automatisierung die Gesellschaftsordnung als Ganzes in einen schneller oder langsamer ablaufenden Umwandlungsprozeß hineingezogen wird.

Unter denen, die einigen Anspruch darauf haben, aus Sachkenntnis heraus über Auswirkungen der Automatisierung mitzusprechen, gibt es von Anfang an, seitdem sie in der Diskussion ist, zwei Lager, das der Optimisten und das der Pessimisten. Sie sind jedoch nicht scharf voneinander getrennt, da es auch Vertreter eines „gedämpften Optimismus" und umgekehrt solche Pessimisten gibt, die meinen, daß sich das, was sie selbst düster vorhersagen, durch große Weisheit und vorausschauende Umsicht der letztlich Verantwortlichen mildern lasse.

Von den extrem gegensätzlichen Auffassungen hat die eine so etwas wie das Heraufkommen eines „Goldenen Zeitalters" zum Inhalt: Durch die Automatisierung werde der Mensch nicht nur noch mehr als bisher schon durch die Technik von schwerer körperlicher Anstrengung, sondern auch und hauptsächlich von stumpfsinniger Repetitivarbeit freigestellt, ebenso von vergleichbaren Routinearbeiten in den Büros. Neben einem höheren Lebensstandard, der daraus erwachse, werde ihm in weitaus größerer Freizeit endlich die Möglichkeit gegeben, das eigene Leben sinnvoll zu gestalten.

Von der entgegengesetzten Seite werden zwar keine „Maschinenstürmer-Parolen" laut wie in den Anfangszeiten der Industrialisierung, jedoch ähnliche Befürchtungen wie zu Anfang unserer 30er Jahre, damals – in Abwehrstellung gegen die „Technokratie" – wie heute zusammengefaßt unter dem Stichwort einer strukturellen technologischen Arbeitslosigkeit. Günstigstenfalls werde es zu langen und zum Teil stürmisch verlaufenden Anpassungskrisen kommen. Daneben wird zunehmende Konzentration der wirtschaftlichen Macht bei einigen wenigen Riesenkonzernen unter Vernichtung zahlreicher kleiner selbständiger Existenzen befürchtet sowie rasches Fortschreiten auf dem Wege zur Vermassung, zum Kollektivismus.

Inzwischen ist der Streit der Meinungen etwas zur Ruhe gekommen. Es hat sich wohl die Einsicht durchgesetzt, daß es an der Zeit sei, auch im Hinblick auf die möglichen Auswirkungen der Automatisierung an die Stelle subjektiven Wertens und gefühlsmäßiger Einstellungen das Vorgehen einer vorurteilsfreien, praxisnahen empirischen Forschung treten zu lassen.

Einiges in dieser Richtung ist schon geschehen, und wer heute zu diesem Thema das Wort nimmt, tut gut, von einer Art „Bestandsaufnahme" auszugehen. Dabei wird sich erweisen, wo gesicherte Ergebnisse bereits vorliegen und wo in erster Linie die weiterführende Forschung anzusetzen hat. Auch das ist gar nicht anders möglich als in der Weise, daß unter bestimmten Aspekten, hier unter denen der Arbeitswissenschaft, vorgegangen wird.

Um was handelt es sich bei dem, was im angelsächsischen Sprachgebrauch als „Automation", in unserem als „Automatisierung" bezeichnet wird? Darauf Antwort zu geben ist nicht einfach. Das Bemühen, über die bisher versuchten Begriffsbestimmungen Klarheit zu gewinnen, zeigt, daß die Dinge noch sehr im Fluß sind und daß es für eine exakt eingrenzende Begriffsbestimmung mindestens noch zu früh zu sein scheint.

Automaten, von denen sich die Bezeichnung herleitet, gibt es schon lange, gab es schon in den Anfängen der Bastler- und Erfinder-Technik, also lange bevor die Technik unseres Jahrhunderts in der mathematischen und naturwissenschaftlichen Fundierung ihre Form gefunden hatte.

Gegen das Merkmal des „Rückmeldeprinzips" als wesentliches Kriterium der Automatisierung wenden Vertreter der Auffassung, daß das Ganze nichts Neues und keine „zweite technische und industrielle Revolution" sei, in gegenstandskritischer Betrachtungsweise ein, daß dieses Prinzip mit dem Druckregler der Dampfmaschine schon früh in die Technik Eingang gefunden habe. Ein anderer Einwand derselben Seite: Die „Eingabe von Daten" nach dem Lochkartenprinzip komme bereits in der Erfindung des Franzosen *Jac-*

quard zur Anwendung, der gegen Ende des 18. Jahrhunderts auf dieser Grundlage den nach ihm benannten Jacquard-Webstuhl entwickelte.

Trotzdem ist, was auch von den Andersdenkenden wohl nicht völlig übersehen werden kann, etwas Neues im Werden. Mindestens auf folgendes ist hinzuweisen:

Da, wo innerhalb eines Fertigungsablaufes elektronische Steuerung angewandt wird, erstreckt sich die verbleibende menschliche Arbeit nur noch darauf, die exakte Funktionstüchtigkeit des so automatisierten Vorganges zu überwachen und gegebenenfalls wiederherzustellen, nicht mehr auf Arbeitsvorgänge am zu erstellenden Produkt.

Es bezieht sich dies zunächst nur auf die Fertigung. Daß die Verwaltungsarbeit in den Büros gleichfalls von der Automatisierung betroffen wird und daß diese hier – den technischen Möglichkeiten nach – in manchem bereits einen Vorsprung hat, daß ferner beides sich auf Art und Gestaltung der zu verrichtenden Arbeit auswirkt, braucht nur erwähnt werden.

Der Einzug der Technik in die Büroarbeit, der innerhalb einer verhältnismäßig kurzen Zeitspanne stattgefunden hat, macht u. a. deutlich, daß es auch von dem vorerwähnten unterscheidenden Merkmal her nicht statthaft wäre, zwischen Mechanisierung und Automatisierung oder zwischen einer „Technik vorher" und einer „Technik nachher" einfach einen Strich zu ziehen. Ohne Gewaltsamkeiten ist die Automatisierung begrifflich nur zu fassen, wenn sie als Bestandteil und Einflußgröße einer sich weiter entwickelnden Technik angesehen wird.

Zweifellos: Mechanisierung für sich allein, und wäre sie noch so hoch entwickelt, ist noch keine Automatisierung. Von dieser negativen Abgrenzung ist anscheinend auch der Amerikaner John *Diebold,* der als einer der ersten das Wort ‚Automation' gebraucht haben soll, ausgegangen, wenn er sagt: „Wenn Maschinen Arbeit von Menschen leisten, so ist das Mechanisierung, wenn sie aber diese Arbeit tun und gleichzeitig ihre eigene Arbeit regeln bzw. kontrollieren, so ist das Automation [1]."

Aber *Diebold* selbst sieht in der Automatisierung viel mehr als die Technik der Rückmeldung. Sie unterscheidet sich nach seiner Auffassung spezifisch durch die Art und Weise, die Produktionsprobleme zu betrachten – mit seinen Worten: „Automation verlangt von uns, den Produktionsprozeß als ein integriertes System zu verstehen und nicht als eine Serie individueller Schritte, die auf Grund der wirtschaftlichsten Verteilung menschlicher Qualifikationen

[1] Zitiert aus: Automation – Was ist sie, was will sie, wie wirkt sie sich aus? Wiesbaden: Staatsbürgerliche Informationen (1956), Folge 46–47, Sept.–Okt., S. 3.

– oder selbst einzelner Maschinen bestimmt werden. Automation ist ebenso eine bestimmte Denkweise, eine Art und Weise, die Produktionsaufgaben zu betrachten, wie sie ihre besonderen Methoden oder ihre spezifische Technologie besitzt. Sie ist in erster Linie eine bestimmte Haltung – sozusagen eine ‚Philosophie' der Produktion, und zwar in viel höherem Maße als eine besondere Technologie oder elektronische Geräte[2]."

In der folgenden Behandlung des Themas sei der Begriff der Automatisierung in bewußter Einschränkung auf diese drei hauptsächlichen Erscheinungen zentriert, dabei jedoch ständig der zweite Teil dessen, was *Diebold* zur Klärung des Begriffes herausgestellt hat, im Auge behalten:

a) Die Integration bisher getrennt ausgeführter Fertigungsoperationen in einen ununterbrochenen Produktionsfluß ohne menschliches Eingreifen.
b) Mit Servomechanismen ausgerüstete Rückmelde- und Regulationsmechanismen.
c) Zur Aufzeichnung, Sammlung und Verarbeitung von Informationen befähigte Elektronenrechner[3].

Es besteht kein Zweifel, daß Automatisierung unter jeder dieser drei Erscheinungsformen, wenn sie in Produktion oder Verwaltung eingeführt wird, Arbeitskräfte an ihrem bisherigen Arbeitsplatz einspart. Primär darin liegt sogar – dies jedenfalls im Bereich der Fertigung – ihr technischer und wirtschaftlicher Fortschritt.

Aber es ist ebenso bedeutsam wie schwer vorauszusagen, ob als Folge daraus fortschreitende Automatisierung zu größerer Arbeitslosigkeit führt, wenn sich diese Vorhersage, was zu verlangen ist, auf genügend gesicherte Unterlagen stützen soll. Es wäre dies, wie schon eingangs erwähnt, die sogenannte technologische Arbeitslosigkeit, die auf die Einführung neuer Verfahren zurückzuführen wäre und nur durch sie entstehen könnte.

Der Ingenieur allein wird darauf ebensowenig eine Antwort finden wie ein anderer. Die in Betracht kommenden Faktoren und Einflußgrößen scheinen in ihrer gegenseitigen Abhängigkeit und Bedingtheit kaum zu überschauen und noch weniger zu bestimmen zu sein.

[2] *Diebold, John,* Applied Automation. A Practical Approach, New York 1955 – zitiert aus: *Pollock, Friedrich,* Automation, Frankfurt a. M.: 1956, S. 121.

[3] Diese Einteilung findet sich u. a. in dem Bericht des Britischen 'Department of Scientific and Industrial Research' Automation (H. M. S. O., London, 1956) – zitiert aus: Bericht des Generaldirektors des Internationalen Arbeitsamtes 1957, Teil I: Automation und andere technische Neuerungen – Soziale Auswirkungen, Genf 1957, sowie auch bei *Friedmann, Georges,* in seinem Vortrag „Einige psychologische und soziale Aspekte und Auswirkungen der Automation" – Referat, gehalten auf der ‚Frankfurter Tagung der List-Gesellschaft' vom 10. bis 12. Oktober 1957.

Die volkswirtschaftliche Betrachtungsweise ist mit Hilfe geeigneter Untersuchungsmethoden vielleicht in der Lage, ganz allgemein die Möglichkeiten der Wirtschaft für die anderweitige Unterbringung von Menschen zu beurteilen, die, technologisch bedingt, ihren Arbeitsplatz verloren haben, sowie die wirtschaftlichen und wirtschaftspolitischen Voraussetzungen zu klären, an die solche Möglichkeiten gebunden sind. Aber auch dafür wäre von der Automatisierung selbst her zunächst die Frage zu stellen, wie groß der Anteil der Beschäftigten sein wird, der in absehbarer Zeit überhaupt von der neuen Entwicklung, die sie darstellt, erfaßt wird.

Während in unserem Land zur Beantwortung dessen kaum Unterlagen zur Verfügung stehen, sind in anderen Ländern, vorzugsweise in den USA und in Großbritannien, eingehende Erhebungen gemacht worden, und zwar sowohl von Regierungskommissionen als auch seitens der Unternehmer und nicht zuletzt der Gewerkschaften. Im Rahmen dieses Vortrages würde es zu weit führen, zahlenmäßige Ergebnisse im einzelnen anzuführen. Im ganzen wird der Anteil relativ niedrig eingeschätzt; doch ist zu bedenken, daß von der Beschaffung der Rohunterlagen über die Auswertung bis zur Veröffentlichung eine solche Zeitspanne vergeht, daß niemand weiß, ob das, was aus den Unterlagen von vor zwei Jahren im vergangenen Jahr ausgewertet wurde, heute, wenn es veröffentlicht wird, noch gültig ist.

Für die hier in Frage stehenden Auswirkungen der Automatisierung ist ferner, und darüber besteht weitgehend Übereinstimmung, die Geschwindigkeit, mit der technische Neuerungen sich im Wirtschaftsleben durchsetzen, von großer Bedeutung. Hätten die Veränderungen der letzten 50 Jahre sich innerhalb von nur 5 Jahren vollzogen, so wäre, wie oft bemerkt worden ist, wirtschaftliches und soziales Chaos die Folge gewesen.

Hinsichtlich der Beurteilung unter beiden hier angedeuteten Gesichtspunkten scheint ein „maßvoller Optimismus“ die vorherrschende Meinung zu bestimmen. Er kommt auch in einem ausführlichen Bericht zum Ausdruck, den der Generaldirektor des Internationalen Arbeitsamtes der Internationalen Arbeitskonferenz 1957 vorgelegt hat[4]. In Expertengutachten, die dieser Bericht anführt, wird übereinstimmend darauf verwiesen, daß in den letzten Jahren gerade in den meisten hochgradig mechanisierten und auch schon von der Automatisierung betroffenen Industriezweigen der Beschäftigtenstand bedeutend gestiegen sei. Ferner werden Schätzungen amerikanischer Fachleute herangezogen, denen zufolge die Automatisierung, im weitesten Sinne

[4] Bericht des Generaldirektors des Internationalen Arbeitsamtes 1957, Teil I: Automation und andere technische Neuerungen – Soziale Auswirkungen, Genf 1957, S. 39 f.

verstanden, eine jährliche Freisetzung von weniger als 0,5 v. H. der Arbeitnehmer nach sich ziehen werde. Das sei jedoch von geringer Bedeutung im Vergleich zu anderen Einflußgrößen, die sich auf den Beschäftigtenstand auswirken.

Doch verschweigt der Bericht auch Bedenken und Befürchtungen nicht, die einer solchen günstigen Beurteilung entgegenstehen. So ist nach der Auffassung anderer Fachleute die soeben angeführte Prozentzahl zu niedrig. Sie glauben, annehmen zu müssen, daß alte Arbeitsplätze rascher verschwinden als neue geschaffen werden und daß die Beschäftigungsmöglichkeiten gerade in technisch und industriell hoch entwickelten Volkswirtschaften mit der steigenden Produktivität nicht Schritt halten.

Hier wie an anderen Stellen innerhalb des Berichtes werden offen die Schwierigkeiten aufgezeigt, denen sich selbst Expertengruppen gegenübergestellt sehen, wenn die unmittelbar auf uns zukommende Entwicklung in ihren Folgen auch nur einigermaßen zutreffend beurteilt werden soll. Nicht zuletzt für unser Thema scheint mir der Hinweis bemerkenswert zu sein, daß gemäß dem Standpunkt der Mehrzahl der Sachverständigen nichts verabsäumt werden dürfe, um die Wirkungsbereiche der Automatisierung nach Industriezweigen, Betriebsgrößen und Berufen einzugrenzen, um das Tempo, in dem sich diese Neuerungen heute in den einzelnen Volkswirtschaften und in der Weltwirtschaft ausbreiten, festzustellen und das künftige Tempo im voraus abzuschätzen.

Die Ehrlichkeit gebiete aber, so heißt es weiter, unbeschönigt zuzugeben, daß wir im Augenblick über kein sicheres Mittel verfügen, um festzustellen, mit welcher Geschwindigkeit dieser Umwandlungsprozeß verlaufen und wie weit er gehen wird[5]. Die bisher zur Verfügung stehenden Erhebungs- und Schätzungsmethoden reichen nicht aus, und es ergeht die dringende Aufforderung des Internationalen Arbeitsamtes an alle in Betracht kommenden Stellen in Staat und Wirtschaft wie auch an die einschlägigen wissenschaftlichen Institute, stärker noch als bisher um die Verbesserung in Anwendung befindlicher und die Erarbeitung neuer Methoden und Verfahren bemüht zu sein. Es ist dies ein Hinweis, der auch in unserem Land nicht überhört werden sollte.

Auf diese Zusammenhänge, auf das vorerst noch zu verzeichnende Fehlen hinreichender Unterlagen, auf die Unmöglichkeit, wesentliche Merkmale der künftigen Entwicklung konkret vorauszubestimmen, mußte hingewiesen werden. Sie lassen mittelbar die Schwierigkeiten erkennen, denen sich auch

[5] A. a. O., S. 47 f.

die Arbeitswissenschaft bei der Lösung der ihr im Rahmen der Gesamtfragestellung „Automatisierung" zufallenden speziellen Aufgaben gegenübergestellt sieht.

Auch dann, wenn mit guten Gründen heute und morgen eine auf der Automatisierung basierende technologische Arbeitslosigkeit größeren Umfanges nicht als wahrscheinlich anzusehen ist, darf das nicht den Blick dafür trüben, daß im Zusammenhang mit ihr eine Umschichtung der Berufsstruktur bereits im Gange ist und deshalb der Klärung und Ordnung bedarf.

Daß überlieferte, hergebrachte, durch die Entwicklung jedoch überholte Berufe an Bedeutung verlieren oder ganz verschwinden, während neue Tätigkeiten und aus ihnen neue Berufe entstehen, ist ein ganz natürlicher Vorgang, der sich nicht aufhalten läßt. Mit der Automatisierung scheinen diese bereits in den bisherigen Phasen der technischen Entwicklung zutage getretenen Verschiebungen noch zahlreicher und auch verwickelter zu werden. Insbesondere für die Industrie scheint das zu bedeuten, daß der Schwerpunkt des Einsatzes der menschlichen Arbeit von der eigentlichen Produktion weg verlagert wird – hin zur Arbeitsplanung und Arbeitsvorbereitung, vom Montageband in die Werkzeugmacherei, kurz, von der Werkhalle in das Büro oder zu sonstigen Arbeitsplätzen „hinter den Kulissen".

Daß wir uns in einem derartigen Prozeß der Umwandlung der Berufsstruktur befinden, ist sicher. Schwierig ist es jedoch, heute eindeutige Prognosen für die künftige Entwicklung zu stellen. Wer die wichtigsten der greifbaren Veröffentlichungen zu diesem Problem durchsieht, sieht sich einer manchmal verwirrenden Fülle von Einzelbetrachtungen und -erfahrungen, aber auch von Verallgemeinerungen und Mutmaßungen auf zu kleiner und schwacher Basis gegenüber.

Am meisten gesichert dürfte es sein, daß die neue Entwicklung in ihrem bisherigen Verlauf und Umfang den Bedarf an qualifiziert ausgebildeten Ingenieuren und Technikern vergrößert hat. Zwar ist dies nicht allein auf die Automatisierung und ihr Fortschreiten zurückzuführen. Indes hat sie darauf, wie an Hand eigener Feststellungen zu zeigen sein wird, einen eindeutig erweisbaren Einfluß. Mit unter diesem Einfluß sind dem Ingenieur und Techniker neben den traditionellen Aufgaben in der Forschung und Entwicklung, der Konstruktion, der technischen Planung und Durchführung des Produktionsprozesses, hier insbesondere der zweckmäßigen Anwendung neuer Methoden und Geräte, weitere wichtige Funktionen zugefallen. Vor allem muß sich der Ingenieur weit über den bisher gewohnten Umfang hinaus mit Wirtschaftlichkeitsfragen sowie mit der technischen Beratung des

Kunden befassen. Nicht zu übersehen ist ferner der zunehmende Anteil der Ingenieure in der eigentlichen Unternehmensleitung.

Aber auch Einsatz und Führung der Mitarbeiter stellen neuartige und teils schwierige Aufgaben, häufig verbunden mit besonderen und bisweilen sehr hohen Anforderungen an das Organisationsvermögen. Viele dieser Aufgaben werden – nicht zuletzt unter dem Einfluß zunehmender Automatisierung – künftig mit größerer Verantwortung verbunden sein und das Zustandekommen von gehobenen Stellungen ganz neuer Art zur Folge haben.

Einen Einblick in die Umschichtung, die sich unter unseren deutschen Verhältnissen zwischen 1950 und 1959 im Aufbau der Ingenieurtätigkeiten vollzogen hat, und in einige Tendenzen der künftigen Weiterentwicklung bieten die Ergebnisse einer Ende Januar 1960 abgeschlossenen Untersuchung meines Aachener Lehrstuhls für Arbeitswissenschaft. Sie bezog sich auf die Beschäftigung von Ingenieuren, einschließlich der in Ingenieurstellungen tätigen technischen Angestellten ohne Ingenieurabschluß, in den verschiedenen einschlägigen Tätigkeitsgebieten der Maschinenbauindustrie, der elektrotechnischen Industrie und der Fahrzeugindustrie, ausgedehnt auf das gesamte Bundesgebiet einschließlich West-Berlin. Die zugrunde liegenden Erhebungen hatten den 1. Januar 1959 als Stichtag.

Erfaßt wurden insgesamt 798 Firmen mit zusammen etwa 898 000 Beschäftigten.

Es sind dies aus der Maschinenbauindustrie 20 v. H. aller Firmen mit 36 v. H. aller Beschäftigten, aus der elektrotechnischen Industrie 10 v. H. aller Firmen mit 53 v. H. aller Beschäftigten und aus der Fahrzeugindustrie 8 v. H. aller Firmen mit 38 v. H. aller Beschäftigten.

Diese relativ hohen Prozentsätze lassen erwarten, daß die vorgefundenen Verhältnisse die allgemeinen Verhältnisse in den angesprochenen Industriezweigen wiedergeben.

Als Ingenieure waren zu berücksichtigen:

1. Diplom-Ingenieure (TH)
2. Ingenieurschulabsolventen (HTL)
3. Sonstige technische Angestellte in Ingenieurstellungen (S). Hierunter werden verstanden: qualifizierte technische Fachkräfte ohne Abschluß einer Technischen Hochschule oder Ingenieurschule in Stellungen von Maschinenbau- oder Elektroingenieuren oder in gleichwertigen Betriebsfunktionen.

Der Anteil der dritten Gruppe an den in Ingenieurstellungen tätigen technischen Mitarbeitern erwies sich als über Erwarten hoch. Das Verhältnis Dipl.-Ing. / HTL-Ing. / Sonstige wurde für 1959 ausgewiesen:

in der Maschinenbauindustrie mit etwa 1 : 4 : 4,5
in der elektrotechnischen Industrie mit etwa 1 : 2 : 1,2
in der Fahrzeugindustrie mit etwa 1 : 3 : 3

Die Fragen nach den Gründen für die Beschäftigung von Angehörigen der „Sonstigen"-Gruppe in Ingenieurstellungen, ferner nach ihrer Bewährung, ihren Vorzügen und Nachteilen usw. sind eingehend untersucht worden; doch liegen sie außerhalb der hier zu erörternden Zusammenhänge. Wohl sei erwähnt, daß entgegen naheliegender Vermutung nur etwa 30 v. H. aller Firmen angaben, sie hätten sich zur Beschäftigung dieser Mitarbeiter in Ingenieurfunktionen als Notlösung aus Mangel an vollgültig ausgebildeten Ingenieuren entschlossen. Bei den restlichen 70 v. H. der Firmen waren andere Gründe dafür maßgebend, insbesondere solche Vorzüge speziellen Wissens und Könnens, durch die Angehörige dieses Personenkreises für manche ingenieurmäßigen Tätigkeiten und Aufgaben besonders geeignet seien. Trotzdem besteht für die Mehrzahl – auch seitens der Betriebe so herausgestellt – ein Gefälle in der Anspruchshöhe.

In der Maschinenbauindustrie ist der Anteil der ingenieurmäßig tätigen technischen Mitarbeiter von 1950 bis 1959 erheblich angestiegen, und zwar

je 100 Beschäftigte von 4,2 im Durchschnitt 1950
auf 6,2 im Durchschnitt 1959.

Differenzierte Angaben für 1959 zeigt die Tabelle 1 in Gegenüberstellung der Betriebe mit 50 bis 499 Beschäftigten und derjenigen mit 500 und mehr Beschäftigten für die drei Industriezweige.

Zu dieser Tabelle – ganz knapp – folgende Erläuterungen:

Bemerkenswert groß ist der Anteil der sonstigen technischen Mitarbeiter in Ingenieurstellungen (S) in kleineren Betrieben des *Maschinenbaus* im Vergleich zu den größeren Betrieben desselben Industriezweiges.

Im *Fahrzeugbau* liegt, wie die Tabelle ausweist, der Anteil sowohl der Ingenieure mit Ingenieurschulabschluß als auch der „Sonstigen" in der Gruppe der kleineren Betriebe deutlich höher als in der Gruppe der größeren. Das festzustellen ist – dies zunächst lediglich als Hinweis – speziell im Hinblick auf die Automatisierung wichtig; sie ist unter allen untersuchten Branchen und Größengruppen in den größeren Betrieben dieses Industriezweiges am weitesten fortgeschritten.

In den Betrieben der großen Unternehmen der *elektrotechnischen Industrie* werden relativ sehr viel mehr Diplom-Ingenieure und Ingenieurschulabsolventen beschäftigt als in allen anderen untersuchten Industriezweigen und Firmengrößen. Wesentliche Aufgaben in diesen Betrieben sind nämlich nur

Tab. 1
Zahl der technischen Mitarbeiter in Ingenieurstellungen
je 100 Besch. - 1959

Industriezweig	Firmen mit							
	50-499 Beschäftigten				500 und mehr Beschäftigten			
	TH	HTL	S	Σ	TH	HTL	S	Σ
Maschinenbau	0,5	2,5	5	8	0,8	2,6	2,6	6
Elektrotechnik	0,7	1.8	2,2	4,7	2,3	4,4	2,1	8,8
Fahrzeugbau	0,5	1,7	1,8	4	0,4	1	1	2,4

von qualifizierten Kräften mit abgeschlossenem Studium – für einen Teil von ihnen genügt dasjenige an einer Ingenieurschule – zu bewältigen. Das vorerwähnte Zahlenverhältnis Dipl.-Ing./HTL-Ing./Sonstige in der Elektroindustrie mit 1 : 2 : 1,2 findet größtenteils hierdurch seine Begründung.

Allerdings gibt es hauptsächlich innerhalb der größeren Firmen der elektrotechnischen Industrie eine nicht minder weit fortgeschrittene Automatisierung als in der Fahrzeugindustrie, und zwar vorzugsweise bei der Herstellung langlebiger elektrotechnischer Konsumgüter. Ihre Auswirkungen auf den Anteil der technischen Mitarbeiter in Ingenieurstellungen werden jedoch überkompensiert durch den hohen Anteil ingenieurmäßiger Aufgaben in der Projektierung, Entwicklung und Konstruktion für die Erstellung ganzer Anlagen. Auch sonst wird in der elektrotechnischen Industrie, und zwar weitaus mehr als im Maschinenbau, wo die Konstruktionsaufgaben den größeren Anteil haben, sehr viel Entwicklungsarbeit geleistet.

Bei Betrachtung der Tabelle in vertikaler Richtung ergibt sich aus dem weitaus geringsten Anteil der technischen Mitarbeiter in Ingenieurstellungen in größeren Firmen – tatsächlich handelt es sich um sehr große Firmen – der Fahrzeugindustrie, daß bei bereits weitgehend automatisierter Produktion des Massenerzeugnisses ‚Kraftfahrzeug‘ trotz seiner technischen Anspruchshöhe relativ wenig Ingenieurarbeiten anliegen. Die Ingenieuraufgaben, die zur Entwicklung und zum Bau der benötigten Betriebsmittel erforderlich sind, werden in der vorgeschalteten Maschinenbau- und Elektroindustrie geleistet.

Mitarbeiter in Ingenieurstellungen werden also in erster Linie zur Entwicklung und zum Bau automatischer Anlagen, weniger jedoch für Betrieb und Überwachung dieser Anlagen benötigt. Für die zunehmende Automatisierung wird demzufolge, das ist nach den vorliegenden eigenen Untersuchungsergebnissen mehr als Mutmaßung, vor allem der verstärkte Anfall von Ingenieurarbeiten in den Investitionsgüter-Industrien kennzeichnend sein, während die automatisch ablaufende Fertigung in geringerem Ausmaß des Ingenieurs bedarf.

Der *Wandel in der Beschäftigungsstruktur* der ingenieurmäßig tätigen technischen Fachkräfte ist aus der Tabelle 2 zu ersehen[6], und zwar im Hinblick auf die in der Maschinenbauindustrie im Laufe der letzten knapp 10 Jahre eingetretenen Veränderungen.

Tab. 2
Prozentuale Verteilung auf die Tätigkeitsgebiete im Maschinenbau - 1950 und 1959

	Tätigkeitsgebiete	Dipl.-Ing.		HTL-Ing.		Sonstige		Insgesamt	
		1950	1959	1950	1959	1950	1959	1950	1959
	1	2	3	4	5	6	7	8	9
1	Forschung, Projekt. Konstruktion	46	49	56	60	58	52	55	55
2	Betrieb	16	7	21	11	22	15	20	12
3	Verwaltung und Vertrieb	22	35	11	16	7	9	12	15
4	Sonstige (insbes. Arbeitsvorbereitung)	16	9	12	13	13	24	13	18
5	Insgesamt	100	100	100	100	100	100	100	100

[6] Die Zahlen für 1950 dieser Tabelle sind der VDMA-Untersuchung, *Ströer, H. J.* „Mehr Technik, mehr Ingenieure“, Frankfurt a. M., 1957, entnommen, die für 1959 entstammen der eigenen Untersuchung.

Zu den Gegenüberstellungen ist erläuternd zu sagen: Während in den „klassischen“ Tätigkeitsgebieten des Ingenieurs ‚Forschung‘, ‚Entwicklung‘ und ‚Konstruktion‘ keine Veränderung ihres hier zusammengefaßten Anteils – nach wie vor 55 v. H. – stattgefunden hat, ist der Anteil der ingenieurmäßigen Aufgaben im Betrieb von 20. v. H. auf 12 v. H. abgesunken. Dem entgegen ist der Anteil der in Verwaltung und Vertrieb beschäftigten Ingenieure (hier wie vorher und nachher in der Betrachtung dieser Tabelle aus Dipl.-Ing., Ingenieurschulabsolventen und „Sonstigen“ zusammengefaßt) von 12 v. H. auf 15 v. H., derjenige in den sonstigen Tätigkeitsbereichen – nämlich: Arbeitsvorbereitung, Maschinen- und Werkzeugbau für den Eigenbedarf, Wartung und Reparatur, Energieversorgung und Transportwesen sowie Ausbildungswesen – von 13 v. H. auf 18 v. H. gestiegen. Speziell unter ‚Arbeitsvorbereitung‘ sind alle Planungsarbeiten und Steuerungsarbeiten zwischen Konstruktion und Betrieb einschließlich ‚Vorkalkulation‘ zu verstehen.

Die Abnahme der im Betrieb (im engeren Sinne) anfallenden Ingenieuraufgaben ist nicht nur eine solche des prozentualen Anteils. Trotz der Zunahme der Ingenieurpositionen von – aufs Ganze gesehen – 4,2 auf 6,2 je 100 Beschäftigte genügte dies im Maschinenbau für sich allein nicht, um die Anteilserhöhung in den beiden „neueren Tätigkeitsfeldern“ zu verwirklichen. Vielmehr waren, bezogen auf 100 Beschäftigte, 1959 in der ‚Fertigung‘ plus ‚Kontrolle und Abnahme‘ weniger Ingenieurstellen vorhanden als 1950.

Auch darin ist einmal die Tendenz „hin zur Automatisierung“ erkennbar (diese zunächst in dem weiteren Sinne des zweiten Teils der Begriffsbestimmung von *Diebold* verstanden), zum anderen eine weitere Bestätigung dessen, daß sich mit der Automatisierung der Umfang der Ingenieuraufgaben im Bereich der Fertigung vermindert. Der prozentuale Anstieg in den Ingenieurbereichen des Planens, des Vertriebs und der ingenieurmäßigen Stabsaufgaben im Rahmen von ‚Geschäftsleitung‘ und ‚Verwaltung‘ ist ebenfalls zum Teil eine Folge zunehmender Automatisierungstendenzen. Es ist zu erwarten, daß mit weiterer Zunahme Umfang und Anspruchshöhe dieser Aufgaben ständig größer werden.

Beachtenswert ist: ein Drittel aller Diplom-Ingenieure ist in der ‚Verwaltung‘ und im ‚Vertrieb‘ beschäftigt, fast zwei Drittel aller Ingenieurschulabsolventen sind in ‚Forschung‘ und ‚Konstruktion‘ (diese als ein Tätigkeitsfeld zusammengenommen) tätig, ein Viertel aller „Sonstigen“ entfällt auf die Arbeitsvorbereitung.

Die Tabelle 3 zeigt eine weitergehende Aufgliederung der für die Maschinenbauindustrie in Tabelle 2 aufgezeigten Tätigkeitsgebiete, ergänzt durch die entsprechenden Angaben für die elektrotechnische und die Fahrzeugindustrie, nach den Anfang 1959 vorgefundenen Verhältnissen.

Für die Interpretation dieser Tabelle sei daran erinnert, daß in der Fahrzeugindustrie der Automatisierungsgrad höher liegt als in den beiden anderen Industriezweigen. Trotzdem tritt der daraufhin zu erwartende relativ geringe Anteil der Ingenieurpositionen in der Fertigung gerade bei diesem Industriezweig nicht in Erscheinung; er ist im Gegenteil unter den drei Industriezweigen am größten.

Dafür sind mehrere Gründe zur Erklärung heranzuziehen: Einmal handelt es sich um eine „innere Relation" innerhalb des betreffenden Industriezweiges. Eine schwächere Besetzung von ‚Forschung und Entwicklung' sowie von ‚Projektierung und Konstruktion' wirkt sich in dem Beispielfall zugunsten der anderen Aufgabengebiete aus. Zum anderen gilt der verhältnismäßig hohe Automatisierungsgrad nur für die Großbetriebe der Fahrzeugindustrie, während in dieser Tabelle zwischen Betriebsgrößen nicht unterschieden ist. Schließlich muß die relativ geringe Zahl der Ingenieurstellen je 100 Beschäftigte berücksichtigt werden; die Fahrzeugindustrie kommt mit relativ wenigen Ingenieurpositionen aus, und zwar auch in dem scheinbar recht hoch besetzten Bereich der Fertigung.

Für die technische Weiterentwicklung in Richtung auf die Automatisierung sind folgende Erkenntnisse gewonnen worden, die aber nur teilweise aus der Tabelle deutlich werden:

Der Anteil der am anspruchsvollsten vorgebildeten technischen Fachkräfte verlagert sich bei den „klassischen" Ingenieuraufgaben von der ‚Konstruktion' in die ‚Forschung und Entwicklung'. Es würde dies noch deutlicher sein, wenn es von den gesamten Rohunterlagen her möglich gewesen wäre, zwischen ‚Projektierung' und ‚Konstruktion' zu trennen.

‚Kontrolle und Abnahme' sowie ‚Anlagen- und Maschinenwartung' werden anspruchsvoller; es werden dort in den Ingenieurstellungen mehr hochwertig vorgebildete Fachkräfte benötigt, und zwar um so mehr, je weiter die Automatisierung fortgeschritten ist.

Noch deutlicher zeigt den stärkeren Bedarf an Kräften mit hochqualifizierter Vorbildung im Zusammenhang mit der Automatisierung der Vergleich zwischen den in der ‚Arbeitsvorbereitung' des Maschinenbaus und des Fahrzeugbaus beschäftigten Diplom-Ingenieuren. Das Verhältnis 1 : 5 macht dies trotz der soeben in anderem Zusammenhang erwähnten Vorbehalte und

Tab. 3: Prozentuale Verteilung auf
die Tätigkeitsgebiete - 1959

	Tätigkeitsgebiete	Industriezweige Maschinenbau		Elektrotechnik		Fahrzeugbau	
		Insges.	TH HTL Sonst.	Insges.	TH HTL Sonst.	Insges.	TH HTL Sonst.
	1	2	3	4	5	6	7
1	Forschung und Entwicklung	7	20 8 3	20	34 16 17	17	36 17 10
2	Projektierung und Konstruktion	48	29 52 49	30	24 37 23	28	15 33 27
3	Fertigung	10	6 9 12	8	3 10 9	12	5 12 15
4	Kontrolle und Abnahme	2	1 2 3	4	3 3 6	5	12 4 2
5	Geschäftsführung	4	16 3 1	2	5 1 1	2	7 1 0,5
6	Stabsstellen und Verwaltung	4	7 4 3	5	3 4 7	4	5 5 3
7	Absatz einschl. Kundendienst	7	12 9 5	13	17 14 8	10	7 8 12
8	Arbeitsvorbereitung	11	1 6 17	8	4 7 15	13	5 6 23
9	Betriebsmittelbau für Eigenbedarf	3	0,5 2 4	3	1 2 6	2	1 2 3
10	Wartung, Energieversorgung, Transportwesen	2	2 3 1	4	3 4 6	5	3 6 4
11	Sonstige Bereiche (insbes. Ausbildung)	2	5,5 2 2	3	3 2 2	2	4 6 0,5
12	Summe	100	100 100 100	100	100 100 100	100	100 100 100

der deshalb gebotenen Vorsicht unabweisbar deutlich. Für das Verhältnis 1 : 4 gegenüber der Elektroindustrie allerdings sind wegen der einigermaßen komplizierten Verhältnisse in diesem Industriezweig andere Ursachen bestimmend.

Das aus der Tabelle 2 für die Maschinenbauindustrie erkennbar gewordene Absinken des Ingenieurbedarfs in der Fertigung von 1950 nach 1959 hat keine mit dem Fahrzeugbau vergleichbare Zunahme der Automatisierung als Ursache. Vielmehr sind hier Automatisierungstendenzen mehr organisatorischer Art wirksam geworden, die als „zunehmende Integrierung" verwirklicht wurden. Auch sie haben im Bereich der Fertigung in derselben Richtung gewirkt. Verstärkte Technisierung und z. T. Automatisierung der zugehörigen Büroarbeiten ist dafür eine wesentliche Voraussetzung gewesen und dürfte – vorliegenden Anhaltspunkten zufolge – maßgeblich dazu beigetragen haben.

Wird nun die Automatisierung auch von den Arbeitern betroffener Betriebe und Industriezweige, von den technischen Angestellten unterhalb der Ingenieurebene sowie ganz allgemein von den unteren und mittleren Angestellten eine höhere Qualifikation verlangen, werden vor allem die Beschäftigungsmöglichkeiten für die sogenannten ‚Ungelernten' geringer?

Das wird durchgängig behauptet, und es lassen sich aus veröffentlichten Berichten zahlreiche Fälle anführen, die für eine solche Auffassung sprechen. In vielen Produktionsbetrieben der USA beispielsweise ist in den vergangenen 10 Jahren die Zahl der Fertigungsarbeiter minderer Qualifikation zurückgegangen, die der qualifizierten Instandhaltungsarbeiter dagegen, die eine befriedigendere Arbeit tun und auch besser bezahlt werden, gestiegen. Auch aus europäischen Ländern liegen ähnliche Erfahrungen vor.

Aber geben solche Mitteilungen und Behauptungen, wie sie damit angedeutet werden, ein hinreichend zutreffendes und vollständiges Bild über die Auswirkungen der Automatisierung auf die Beschäftigungsstruktur? Die Ergebnisse systematischer Untersuchungen – etwa diejenigen der bereits 1955 in der metallverarbeitenden Industrie der Vereinigten Staaten durchgeführten sehr umfassenden statistischen Untersuchung – geben Anlaß, das zu bezweifeln[7].

Aus dieser Untersuchung hat sich gezeigt, daß sich bei Einführung automatisierter Produktionsmittel und -methoden die Beschäftigungsstruktur zwar durch sogenannte „Aufwertung" vieler Arbeitsplätze verändert hat,

[7] *Pollock, Friedrich,* Automation, Frankfurt a. M., 1956, S. 240 f. – Untersuchung des „American Machinist".

daß jedoch in 81 v.H. der Fälle keine Vergrößerung des Instandhaltungs- und Aufsichtspersonals notwendig war. In 60 v.H. der Fälle benötigte diese Personengruppe keine höhere, vielmehr z. T. sogar eine niedrigere Qualifikation. Ferner: in 79 v.H. der Betriebe und, was sehr bemerkenswert ist, in 71 v.H. der Betriebe mit mehr als 1000 Beschäftigten war keine Vergrößerung ihres Stabes an Ingenieuren erforderlich.

Aus amerikanischen Veröffentlichungen – teils aus der Wirtschaft, teils von Regierungsstellen – lassen sich weitere Belege dieser Art anführen.

Mit einer Warnung in derselben Richtung äußert sich der Generaldirektor des Internationalen Arbeitsamtes, in dem schon erwähnten Bericht, der 1957 vorgelegt wurde. Es wird hier zunächst dargelegt, daß der allgemein vorherrschenden Meinung nach die Automatisierung und vergleichbare Entwicklungen höhere Anforderungen an Können und Verantwortung der Beschäftigten stellen, und es wird dies als sinnvoll und erstrebenswert bezeichnet. Danach aber werden Fälle angeführt, wo automatisierte Arbeitsvorgänge, von denen behauptet worden war, sie könnten nur von Ingenieuren überwacht werden, tatsächlich nach ganz kurzer innerbetrieblicher Schulung mit Erfolg von ungelernten Arbeitern beaufsichtigt wurden[8]. Weiter sagt der Bericht: Wenn auch z. Z. mit einigem Recht die bedeutsame Rolle des Instandhaltungspersonals hervorgehoben wird, dürfte jedoch nicht die Fähigkeit der Wissenschaft und der Unternehmensleitungen unterschätzt werden, in Zukunft leichter verwendbare Anlagen zu entwickeln. Es wird ausdrücklich als möglich angesehen, daß in späteren Phasen der Automatisierung die fachlichen Anforderungen nicht immer die gleichen sind wie in ihrem Anfangsstadium[9].

Im einzelnen Betrieb und erst recht für den einzelnen Arbeitsplatz mag man, das soll von diesen grundsätzlichen Überlegungen her nicht bezweifelt werden, genügend darüber Bescheid wissen, ob und gegebenenfalls in welcher Art und in welchem Umfang sich durch die Einführung neuer Arbeitsmethoden die Anforderungen geändert haben. Ganz allgemein ist die Annahme berechtigt, daß die schwere körperliche Arbeit weiter abnehmen wird und daß die Belastungen durch Hitze, Staub und Lärm geringer werden. Umgekehrt werden in manchen Tätigkeiten, aber keineswegs allgemein, die psychischen Belastungen höher. An einigen Stellen mögen sehr spezifische Aufmerksamkeits- oder Geschicklichkeitsleistungen verlangt, an anderen beson-

[8] Bericht des Generaldirektors des Internationalen Arbeitsamtes 1957, Teil I: Automation und andere technische Neuerungen – Soziale Auswirkungen, Genf, 1957, S. 54.

[9] A. a. O., S. 54.

dere Anforderungen an die Intelligenz gestellt werden; indessen sind Verallgemeinerungen aus solchen Fällen weitgehend unberechtigt.

In diesem Zusammenhang ist auf die gesicherte Erkenntnis der Arbeitspsychologie hinzuweisen, daß Aufmerksamkeitsleistungen und in manchem auch die Konzentration nur in geringem Grade an die Intelligenz gebunden sind. Von daher ist es durchaus möglich, auch geistig einfacher strukturierte Menschen für Überwachungs- und unter Umständen für Steuerungsaufgaben einzusetzen[10]. Das geht um so besser, je gründlicher die vorausgegangene Anlernung war und je sinnvoller in sich selbst diese Steuerungsvorgänge zu vollziehen sind.

Beispiele derartiger Arbeitsplätze gibt es auch in der deutschen Industrie in mannigfaltigen Ausprägungen. An einigen von ihnen sind die gesamten Anforderungen auf ein völlig neuartiges Angefordertsein der Aufmerksamkeit reduziert. Es ist dies das ständige Hingeordnetsein auf ein einzelnes – bisweilen nicht einmal als Signal gestaltetes – Störanzeichen, das manchmal stundenlang, manchmal sogar während der ganzen Schicht überhaupt nicht in Erscheinung tritt. Aktivitätsstau und permanente Erwartungsspannung sind die Folge; sie müssen überwunden und in rein von innen her gespeiste Wachheit umgesetzt werden[11].

Um das bisher Gesagte zusammenzufassen:

Die bislang vorherrschende Meinung geht dahin, daß sich in den automatisierten Betrieben eine Art Elite herausbilden wird, und zwar auf jeder Betriebsebene. Es werden Ingenieure und Techniker ebenso wie Meister und Vorarbeiter sowie qualifizierte Fach- und Spezialarbeiter benötigt, welche die automatisierten Anlagen überwachen und instand halten. Außer durch ihre fachliche Qualifikation sollen diese Elitegruppen sich auszeichnen durch Intelligenz, Aufgeschlossenheit, Interesse an der Arbeit, Selbstvertrauen und Verantwortungsbereitschaft. Kein Zweifel, daß sich hier für viele tüchtige und vorwärtsstrebende Arbeiter und Angestellte bisher nicht gegebene Aufstiegsmöglichkeiten bieten.

Jedoch besteht auch kein Zweifel, daß durch Einführung und Ausweitung der Automatisierung mancher hart betroffen werden kann. Nur ein relativ kleiner Teil der an ihrem alten Arbeitsplatz überflüssig gewordenen Arbeiter wird als Aufsichts- oder Reparaturpersonal eine befriedigende Tätigkeit

[10] Nähere Ausführungen darüber in: *Herwig, Bernhard,* „Probleme des Einsatzes menschlicher Arbeitskraft im Automationsprozeß", Wien: Wirtschaftlichkeit (1956) 3–4, S. 51–56, besonders S. 53.

[11] *Fuchs, H. W.,* Gefahren der Leistungsminderung an hochmechanisierten und automatisierten Arbeitsplätzen, Frechen: Zentralblatt für Arbeitswissenschaft, 14 (1960) 1, S. 2 f.

finden. Vor allem bleibt die Frage, was aus denen wird, die keine besonderen Qualifikationen anzubieten haben, weil sie keinen Beruf erlernt haben oder weil für das, was sie erlernt haben, keine Nachfrage mehr besteht[12].

Vor eine besonders schwierige Aufgabe sehen sich heute diejenigen gestellt, die angesichts der in Veränderung begriffenen Arbeitsbedingungen und -anforderungen sowohl für die Berufsausbildung der Jugendlichen als auch für die Leistungspflege, die berufliche Weiterbildung und vielleicht Umschulung der Erwachsenen verantwortlich sind. Eine erfolgreiche Berufsausbildung und Berufserziehung setzt eine spezifizierte und verbindlich zutreffende Kenntnis derjenigen Anforderungen voraus, denen der Auszubildende später genügen muß. Zu der Frage, wieweit dafür schon systematische Vorarbeiten im Hinblick auf künftige Erfordernisse geleistet worden sind, waren wir um eine ziemlich weitgehende Literaturdurchsicht bemüht. Als Beispiel einer anregenden Arbeit aus der insgesamt wenig reichhaltigen Ausbeute verdient eine kritische Analyse des Amerikaner *Bright* Beachtung[13].

Bright setzt sich das Ziel, eine Hypothese aufzustellen, wie und in welcher Richtung fortschreitende Mechanisierung und Automatisierung den menschlichen Beitrag zu den Fertigungsaufgaben beeinflussen. Methodisch geht er davon aus, den hauptsächlichen Anforderungsarten, unter denen Menschen in ihrer Arbeit beansprucht werden, eine Stufung des Mechanisierungsgrades gegenüberzustellen. Zu den Anforderungsarten gehören etwa die körperliche und geistige Anstrengung, Handfertigkeit, Ausbildung und Erfahrung, Verantwortung, Einflußnahme auf die Produktivität u. a. Es sind dies solche Merkmale, wie sie auch der bei uns bereits weit verbreiteten ‚analytischen Arbeitsbewertung‘ zugrunde liegen.

Die Stufung des Mechanisierungsgrades geht von der reinen Handarbeit und derjenigen mit einfachem Werkzeug über das motorgetriebene Werkzeug, die technisch hochentwickelte Werkzeugmaschine mit Programmsteuerung bis hin zur vollautomatisierten Fertigungseinheit. Es wird dann untersucht, wie jede der vorerwähnten Anforderungsarten von der ansteigenden

[12] Die so präzisierte Gegenüberstellung ist auch der am meisten maßgebliche Leitgedanke in dem hier wiederholt herangezogenen Bericht des Generaldirektors des Internationalen Arbeitsamtes 1957. Er dient dort nicht lediglich als Alternative, um die Unsicherheit dessen auszudrücken, welche der beiden Tendenzen in der künftigen Entwicklung das Schwergewicht haben wird. Vielmehr ist der Berichterstatter bestrebt gewesen, von dieser Ausgangslage her immer wieder das Erfordernis sozial tragbarer und mit diesem Ziel gründlich durchdachter Lösungen deutlich werden zu lassen.

[13] *Bright, James R.*, Erhöht die Automatisierung die Anforderungen an das Können? Darmstadt: Fortschrittliche Betriebsführung – Arbeitswissenschaftlicher Auslandsdienst, 8 (1959) 1, S. 13–24.

Mechanisierung beeinflußt wird. Vornehmlich werden dafür die körperliche und geistige Anstrengung, die Anforderungen an die Ausbildung sowie die Verantwortung herangezogen.

Man mag nicht mit allem, was die Liste der Anforderungsarten vorsieht, einverstanden sein, man mag auch maschinelle Leistungsformen anders klassifizieren, als es in der angeführten Stufeneinteilung geschieht, man mag einwenden, daß quantitativ gerichtete exakte Messungen unter der gewählten Fragestellung überhaupt nicht oder mindestens jetzt noch nicht möglich sind. Indessen dürfte auch unter diesen Vorbehalten das Endergebnis, das *Bright* vorlegt, Gültigkeit haben: Mit zunehmender Mechanisierung und Automatisierung steigen zunächst die Anforderungen an das Können des Arbeiters, und zwar z. T. recht erheblich. Es wird dann aber ein Kulminationspunkt erreicht, von dem ab die Anforderungen wieder geringer werden.

Auf den unteren Stufen der Mechanisierung benötigt der Arbeiter eine besondere, unter Umständen eine hochqualifizierte fachliche Ausbildung, wenn bei einer hochwertigen Arbeit an der Werkzeugmaschine die Genauigkeit der Arbeitsausführung in erster Linie von seinem fachlichen Können, von seiner Erfahrung, von seiner Gewissenhaftigkeit und von seinem Verantwortungsgefühl abhängt. Wenn dagegen mit den höheren Stufen die Automatisierung erreicht wird, wenn eine Folge vorherbestimmter Arbeitsvorgänge automatisch ausgeführt werden kann, wenn die Qualität des Erzeugnisses, etwa die Maßhaltigkeit, so gut wie ausschließlich von der Maschine bestimmt wird, wenn die Maschine etwaige Ungenauigkeiten und Fehler ohne menschliches Zutun selbst korrigiert, werden die vorerwähnten Qualifikationen des Arbeiters nicht mehr in vergleichbarem Ausmaß benötigt.

Für die Beantwortung der Frage, inwieweit die Automatisierung steigende Anforderungen an den Arbeiter stellt, wird also jeweils der ‚Grad der Automatisierung' sehr zu berücksichtigen sein. Höhere Anforderungen können sich ergeben, nicht weil automatisiert wurde, sondern weil noch zu wenig automatisiert worden ist.

Im täglichen Leben ist es, wie *Bright* bemerkt, nicht anders. Er fragt: Ist das moderne Auto mit seinen zahlreichen technischen ‚Schikanen' schwerer oder leichter zu fahren als ein Ford-T-Modell? Wer braucht größeres Können und größere Erfahrung zur erfolgreichen Arbeit: die Hausfrau, die in einem automatischen Ofen backt oder ihre Großmutter, die die Kunst des Backens in ihrem Kohlenofen durch lange Erfahrung erlernen und außerdem ununterbrochen sorgfältig aufpassen mußte, wenn der Kuchen gelingen sollte?

Bright übersieht allerdings nicht, daß die Verminderung des Arbeitsinhaltes nicht die einzige Auswirkung der Automatisierung auf den Arbeiter zu sein braucht. Wenn ihm etwa unter den für ihn vereinfachten Arbeitsbedingungen die Wartung mehrerer Maschinen übertragen wird, wofür es auch bei uns mannigfaltige Beispiele gibt, ist er damit für die Überwachung eines räumlich größeren Abschnittes der Fertigung verantwortlich oder hat eine größere Zahl gleichartiger Aufgaben zu übernehmen. Das bedeutet nicht selten größere Anstrengung und mehr Aufmerksamkeit, unter Umständen auch zusätzliches Können und größeres Verständnis [14].

In anderen Fällen entstehen neuartige Spezialaufgaben für den Arbeiter, deren ordnungsmäßige Bewältigung eine erheblich höhere Ausbildung oder einen wesentlich höheren Grad an Verständnis der Vorgänge und an Verantwortung erfordert. Doch scheint es den bisherigen Beobachtungen zufolge so zu sein, daß Arbeiten gerade dieser Art, die eine zunehmende Automatisierung mit sich bringt, zahlenmäßig nicht stark ins Gewicht fallen [15].

Die erwähnte Studie zeigt deutlich, wie wichtig es ist, die Zusammenhänge realistisch zu betrachten und sich dabei, soweit es irgend möglich ist, auf eingehende Untersuchungen zu stützen. Andernfalls, und auch dafür liegen bereits Beispiele vor, läuft eine Unternehmensleitung Gefahr, schwere Fehler zu begehen in der Festlegung des Niveaus bei der Einstellung von Arbeitskräften, in der Planung von Ausbildungs- und Fortbildungsprogrammen, in der Ermittlung von Lohnrelationen; das alles und weiteres kann eintreten, wenn bei fortschreitender Automatisierung die Arbeits- und Berufsanforderungen nicht richtig ermittelt worden sind [16].

Das bezieht sich, wie schon gesagt, auf den in der eigentlichen Fertigung beschäftigten Arbeiter, wobei es sich zudem, wenn auch weniger deutlich ausgesprochen, in den höheren Graden der Automatisierung vorwiegend um Serienfertigung handelt. Wenn hier auch die Anforderungen an das Können geringer sind als allgemein angenommen, so heißt das nicht, daß die hochautomatisierte Serienfertigung ohne den gründlich ausgebildeten und erfahrenen Facharbeiter auskommen könnte.

Schon in anderem Zusammenhang war das Entstehen ausgesprochener Elitegruppen im Zuge der Automatisierung als sehr wahrscheinlich angesehen worden. Etwas anderes kommt hinzu. Als eigentlicher Anwendungsbereich der Automatisierung galt in erster Linie die Massenfertigung mit

[14] A. a. O., S. 19.
[15] A. a. O., S. 21 f.
[16] A. a. O., S. 20, S. 23 f.

ihrer über längere Zeiträume gleichbleibenden Produktion großer Stückzahlen. Dementsprechend schien die Verwendung derartiger Fertigungsmethoden auf die größeren Betriebe beschränkt. In den letzten Jahren zeigte sich jedoch immer deutlicher, das ging auch aus den Darlegungen von Herrn Professor Opitz hervor, wie auch kleinere und mittlere Betriebe mit ihrer kleineren und wechselnden Serienfertigung bemüht sind, sich die unabstreitbaren Vorteile der Automatisierung mit ihren selbsttätigen Fertigungsabläufen nutzbar zu machen.

Das bedeutet fertigungstechnisch, daß an Stelle der Einzweckeinrichtung der Massenfertigung, vielseitig verwendbare, leicht umstellbare und verkettungsfähige Sondermaschinen Anwendung finden. Möglicherweise wird das eine Ausdehnung, aber auch Umgestaltung der Automatisierung zur Folge haben, an die man vor wenigen Jahren noch nicht gedacht hat.

In derartigen Betrieben wird die Frage nach der erforderlichen Qualifikation der Arbeitskräfte anders zu beantworten sein als in den Großbetrieben der Massenfertigung. Hier wird der hochwertig ausgebildete Facharbeiter auch zahlenmäßig an Bedeutung gewinnen gegenüber der relativ kleinen „Elitegruppe“ der Massenfertigung.

Wenn die technische Entwicklung der letzten Jahrzehnte in ihrer ganzen Vielfalt zur Orientierung und zum Vergleich herangezogen wird, so ist festzustellen, daß sie ständig steigende Anforderungen an das Wissen und Können des Facharbeiters mit sich gebracht hat. Mit dem Tempo und den Erscheinungsformen dieser Entwicklung hat die Ausbildung, wie Anzeichen verschiedener Art erkennen lassen, nicht in allem Schritt gehalten. Sie hält, das gibt auch der schon mehrfach zitierte Bericht des Generaldirektors des Internationalen Arbeitsamtes 1957 zu bedenken [17], großenteils an traditionsgebundenen Leitvorstellungen fest, die nicht mehr oder jedenfalls nicht mehr im vollen Ausmaß richtunggebend sein können.

Die über die daraus sich herleitenden Probleme seit einiger Zeit in Fachkreisen geführte Diskussion erhält durch die Hineinnahme von Gesichtspunkten aus der Automatisierung neue Akzente und bekommt von dieser Seite her eine besondere Aktualität. Es entstehen von daher neuartige Anforderungen an das fachliche Wissen und das praktische Können, wie sie bisher in den sogenannten „gewerblichen Lehrberufen“ nicht benötigt wurden.

[17] Bericht des Generaldirektors des Internationalen Arbeitsamtes 1957, Teil I, Automation und andere technische Neuerungen – Soziale Auswirkungen, Genf 1957, S. 57, S. 60 f.

In erster Linie muß der künftige *Betriebshandwerker*, der für die Instandhaltung und Wiederinstandsetzung verwickelter prozeßgestaltender Anlagen eingesetzt wird, nicht nur mit den technischen Prinzipien, Bauelementen und Zusammenhängen derartiger Apparaturen, sondern auch mit der Technik der darin zur Herstellung kommenden Erzeugnisse vertraut gemacht werden. Dabei ist von ihm bis zum *Produktions-Facharbeiter* neuer Prägung, was Vorbildung und benötigtes Fachwissen angeht, mit „fließenden Übergängen" zu rechnen. Denn dieser muß gleichfalls, wenn auch der Schwerpunkt seiner die Apparatur „fahrenden" Tätigkeit häufig die Funktion des „Steuermannes" sein dürfte, mit der Anlage wie mit dem in der Herstellung befindlichen Produkt von technischer Einsicht her gründlich vertraut sein.

Für beide Gruppen von Facharbeitern werden nach Auffassung derer, die den dadurch aufgegebenen Ausbildungsfragen bereits nachgegangen sind, als Grundlegung der zu gewährleistenden ordnungsmäßigen Arbeitsausführung fundierte Kenntnisse und ihnen zugeordnete Fertigkeiten auf den Gebieten der Mechanik, der Kinematik, der Hydraulik, der Steuer- und Regeltechnik, der Elektrik und Elektronik gefordert.

Als eine unerläßliche Voraussetzung dafür, die Ausbildung in gewerblichen Facharbeiterberufen in der Richtung qualifizierter Fachkenntnisse zu vertiefen, wird von Schulpädagogen und anderen, die mit ihnen dieselbe Linie verfolgen, eine gründlichere Allgemeinbildung angesehen. Zum Teil geht dieses Verlangen so weit, über das inzwischen „bewilligte" 9. Schuljahr hinaus die Ausweitung der allgemeinen Schulpflicht auf 10 Schuljahre zu fordern. „Mit unserer Volksschulbildung von heute", so äußert sich ein in der Betriebspraxis tätiger Fachmann der Industriesoziologie, „die den Vierzehnjährigen schon bereit für das Berufsleben erklärt, wird man im Zeitalter des Atoms und der Automatisierung nicht bestehen können" [18].

Aufbau und Prinzipien der Berufsausbildung im engeren Sinne, die den Anforderungen der nächsten Jahrzehnte genügen soll, stehen ebenfalls zur Diskussion. „Es erscheint dringend erforderlich", so heißt es in der programmatischen Formulierung eines nüchternen Betriebspraktikers, dem die Probleme unmittelbar aus eigener Anschauung vertraut sind, „zu prüfen, inwieweit die handwerkliche Ausbildung heute noch praxisnah ist. Es sollte eingehend untersucht werden, was aus dem Ausbildungsprogramm der Lehr-

[18] *Cattepoel, Dirk* – zitiert aus: Automation – Was ist sie, was will sie, wie wirkt sie sich aus? Wiesbaden: Staatsbürgerliche Informationen (1956), Folge 46–47, Sept.–Okt. S. 8.

werkstatt und der Berufsschule als überholt fortfallen kann und muß und was im Hinblick auf die neuen Fertigungsverfahren und Produktionsmittel ausbildungsmäßig schon erforderlich und möglich ist[19]."

Und weiter: „Die Automatisierung stellt z. B. weit höhere Anforderungen an die Fähigkeit des Menschen, funktionell zu denken, sich in Ketten von Operationen oder Programmabläufen hineinzudenken als an seine Fähigkeit, eine Feile möglichst vollkommen zu handhaben."

Daß sich die Arbeitswissenschaft für ihre Forschungsaufgaben solche Überlegungen zu eigen gemacht hat, mag daraus ersehen werden, daß im Institut für Arbeitswissenschaft vor kurzem eine vom Land Nordrhein-Westfalen geförderte Untersuchung über genau dieses Problem angelaufen ist. Ergebnisse mitzuteilen wäre in ihrem derzeitigen Stadium noch verfrüht.

Eines sei jedoch erwähnt: Angesichts der zunehmenden Anforderungen, die an das Wissen und Können der jungen Facharbeiter zu stellen sind, sehen die Unternehmen mit Besorgnis, wie die Ausbildungszeit immer kürzer geworden ist. In der Zeit von 1910 bis 1957 hat sich die Lehrzeit um 44 % vermindert. Bei Einführung der 40-Stunden-Woche[20] beträgt sie noch etwa 50 % der Lehrzeit, welche 1900 bis 1910 als notwendig erachtet wurde. Gewiß sind seitdem, das sei einschränkend hinzugefügt, gegenüber damals bessere arbeitspädagogische Methoden in Anwendung, und die Ausbildung selbst ist intensiver geworden. Aber es fragt sich, ob beides zusammen ausreicht, um eine derartige Verkürzung der Ausbildungszeit auszugleichen und zugleich weitaus höheren Ansprüchen an das Ausbildungsergebnis zu genügen.

Industriebetriebe, die besonderen Wert auf das Ausbildungswesen legen, sind bereits dazu übergegangen, zusätzliche Lehrgänge einzurichten, deren Besuch in das eigene Ermessen der Lehrlinge gestellt wird. Das bedeutet aber eine damit verbundene zusätzliche Belastung der jungen Menschen.

In diesem Zusammenhang dürfte auf eine gemeinsame Verlautbarung des Deutschen Industrie- und Handelstages und des Deutschen Handwerkskammertages zum Abschluß einer Aussprache von Beauftragten beider Körperschaften am 27. Juli 1960 in Bad Godesberg zu dem zu diesem Zeitpunkt noch nicht verabschiedeten Jugend-Arbeitsschutzgesetz hinzuweisen sein. Es heißt darin: „Besondere Sorgen bereiten die Auswirkungen des neuen

[19] *Weinreich, Rolf,* Die Berufsausbildung von Facharbeitern im Zeichen fortschreitender Automatisierung, Heidelberg: Automatisierung (1958) 3, S. 4 f.

[20] Durch das am 1. Oktober 1960 in Kraft getretene Jugend-Arbeitsschutzgesetz ist die 40-Stunden-Woche für Lehrlinge bis zur Vollendung des 16. Lebensjahres vorgeschrieben.

Jugend-Arbeitsschutzgesetzes, insbesondere die Verkürzung der für die betriebliche Ausbildung zur Verfügung stehenden Zeit. Daraus erwachsen große Nachteile für den praktischen Erfolg der Ausbildung des Nachwuchses. Es wird trotz weiterer Intensivierung der betrieblichen Ausbildung notwendig werden, für bestimmte Ausbildungsberufe die Lehrzeit zu verlängern[21]."

In dieser Sicht steigt auch die Bedeutung, die dem Unterricht an den Berufsschulen zuzumessen ist. Während die Praxis mancherorts einer akademischen Vorbildung der an diesen Schulen tätigen Lehrkräften skeptisch gegenübersteht, scheint doch die Auffassung an Boden zu gewinnen, daß die Kenntnis moderner Techniken und Produktionsverfahren nur noch durch solche Berufsschullehrer vermittelt werden könne, die selbst eine wissenschaftliche Vorbildung erhalten haben; am ehesten dadurch sei auch die notwendige Hebung des Bildungsniveaus gewährleistet.

Als ein Beispiel dafür, daß auch Ziele und Methoden der Ausbildung an Technischen Hochschulen von den neuen technischen und technologischen Entwicklungstendenzen nicht unberührt bleiben, sei das Studium des „Industrial Engineering" an den Hochschulen der USA erwähnt. Auf Einladung des Bundeswirtschaftsministeriums hatte ich vor einigen Monaten Gelegenheit, durch Besuch von Universitäten, Industriebetrieben und Beratungsfirmen an Ort und Stelle Einblick in die Ausbildungswege und die Arbeitsweise dieser neuen Fachrichtung zu gewinnen. Sie ist zwar nicht erst durch die Automatisierung geschaffen, wohl aber durch sie mitgestaltet und gefördert worden.

Eine korrekte Übersetzung von „Industrial-Engineer" ins Deutsche scheint kaum möglich. Das Wort „Rationalisierungs-Ingenieur" gibt das Gemeinte nur ungefähr wieder. Unter den verschiedenen amerikanischen Definitionen dürfte die des American Institute of Industrial Engineers (AIIE) die treffendste sein, weil sie das Besondere des Berufes und die neueste Entwicklung am deutlichsten erkennen läßt. Sie lautet in freier Übersetzung:

„Der Industrial Engineer (Rationalisierungs-Ingenieur) befaßt sich mit dem Entwurf, der Verbesserung und Einrichtung integrierter Systeme von Mensch, Material und Ausrüstung. Dazu sind außer den ingenieurmäßigen Methoden des Analysierens und Entwerfens besondere Kenntnisse und Fähigkeiten in Mathematik, Physik und Sozialwissenschaften erforderlich. Das Ziel liegt in der Bestimmung, Vorhersage und Bewertung der Auswir-

[21] Presse-Information des Deutschen Industrie- und Handelstages vom 28. 7. 1960.

kungen und wirtschaftlichen Ergebnisse, die solche integrierten Systeme erbringen." [22]

Durch die Bezeichnung „integriertes System" – das sei erläuternd hinzugefügt – soll die Verkettung und gegenseitige Abhängigkeit aller Einflußgrößen beim Zusammenwirken von Mensch, Material und Ausrüstung zum Ausdruck gebracht werden.

Dem deutschen Beobachter erscheint es besonders bemerkenswert, daß in der amerikanischen Industrie die Rationalisierung als ständige Hauptaufgabe einem Spezialisten übertragen wird, nämlich dem Industrial Engineer. Er gehört nicht der Linien-Organisation an, sondern erarbeitet als Stabsstelle Vorschläge und bereitet damit die Entscheidungen der Führungsstellen vor. Die sorgfältige Ausarbeitung und einleuchtende Darstellung des Erarbeiteten ist daher wichtiger Teil seiner Gesamtaufgabe. Es ist durchaus üblich, bis zu 10 % der Kosten eines Forschungsprojektes für die Aufbereitung der Ergebnisse zu verwenden.

Allerdings ist die Überantwortung der Rationalisierungsaufgaben an besondere Fachleute in Stabsfunktion auf amerikanischem Boden wohl verwirklicht worden, aber nicht erwachsen. In den 1929 erschienenen „Arbeitspsychologischen Leitsätzen" meines Lehrers *Walther Poppelreuter* ist nachzulesen: „Wird er" – der für Rationalisierungs-Aufgaben herangezogene Ingenieur – „nicht ganz ausschließlich an die Rationalisierung gesetzt, dann ist ein Erfolg mit Sicherheit nicht zu erwarten" [23].

Die Aufgabe des amerikanischen Industrial Engineer endet gewöhnlich mit der Einrichtung und Programmierung des von ihm vorgeschlagenen Systems. In die dann anschließende routinemäßige Abwicklung ist er meist nicht mehr eingeschaltet.

Die Entwicklung von Technik und Wirtschaft hat auf vielen Gebieten zu einer immer stärkeren Spezialisierung geführt. Daneben aber findet sich auch die umgekehrte Tendenz, bisher Getrenntes unter neuen Gesichtspunkten zu vereinigen. Der Industrial Engineer ist ein Beispiel dafür.

Damit ist indes nicht ein Ingenieurtyp geschaffen worden, der ganz auf sich gestellt in der Lage wäre, jedes Betriebsproblem zu lösen. Rationalisierung ist ohnehin durchgängig Team-Arbeit, und in schwierigen Fällen wird

[22] *Rühl, Günter,* Der Rationalisierungs-Ingenieur (Industrial Engineer) in der amerikanischen Wirtschaft, Freiburg/Berlin: Zeitschrift für wirtschaftliche Fertigung, 35 (1960) 6/7, S. 263.

[23] *Poppelreuter, Walther,* Arbeitspsychologische Leitsätze für den Zeitnehmer, München und Berlin, 1929, S. 21.

die Hilfe eines Mathematikers, eines technischen Spezialisten, eines Betriebswirtes oder auch eines Psychologen notwendig sein. Doch ist nach amerikanischer Auffassung der Rationalisierungs-Ingenieur nach Vorbildung und Stellung besonders geeignet, die etwa vorliegende Notwendigkeit, Spezialisten heranzuziehen, zu erkennen und ein derartiges Team zur fruchtbaren Zusammenarbeit zu führen. Ein Industrial Engineer der Firma *Du Pont* bezeichnete sich als einen „Spezialisten für die Koordinierung von Spezialisten".

Koordinieren der Bemühungen zur Lösung von Betriebsproblemen ist für den Rationalisierungs-Ingenieur der Schlüssel zum Erfolg, und der Vorteil, der darin liegt, eine Persönlichkeit oder auch eine Abteilung im Betrieb zu haben, deren alleinige Aufgabe es ist, immer wieder neue Impulse zur Rationalisierung zu geben, kann nicht hoch genug eingeschätzt werden.

Der Besuch der einschlägigen Ausbildungs- und Forschungsstätten an den Hochschulen zeigte auch auf diesem Gebiet die für die USA typische Vielfalt der Auffassungen und Methoden. Das Niveau war gleichfalls recht unterschiedlich. Auf derjenigen Ebene, die unserem Hochschulniveau entspricht, ist die Ausbildung hochqualifiziert mit besonderer Ausrichtung auf ingenieurmäßige mathematische Analyse von Problemen der Wirtschaft und den Entwurf optimaler neuer Systeme.

Die Industrial-Engineering-Abteilungen der Hochschulen entwickelten sich nach dem Kriege aus den Abteilungen für Fertigungstechnik. Fertigungsverfahren als solche werden jedoch nur noch kurz behandelt, und die konstruktiven Fächer sind bis auf wenige Übungen im Maschinenzeichnen verschwunden. Die dadurch gewonnene Ausbildungszeit kommt den naturwissenschaftlichen Grundfächern, der angewandten Mathematik sowie in einem späteren Studienabschnitt den Arbeits- und Wirtschaftswissenschaften zugute. Der letzte Studienabschnitt besteht vor allem aus Vorlesungen und Übungen über Wahrscheinlichkeitslehre und Statistik, Programmierung, Qualitätskontrolle, Stichprobentechnik, Forecasting und Operations Research.

Während des ganzen Studiums wird, nachdem die Grundlagen geschaffen sind, großer Wert auf die Ausbildung im ingenieurmäßigen Denken und auf die Förderung der Fähigkeiten zum Analysieren und Entwerfen betrieblicher Systeme gelegt. Die ständige Verbindung der Hochschullehrer selbst mit der Praxis wird dadurch gewährleistet, daß an allen besuchten Universitäten ohne Ausnahme die Professoren und Dozenten der Abteilung Industrial Engineering von Amts wegen verpflichtet sind, gleichzeitig als Berater in der Industrie tätig zu sein.

Am Schluß meines Themas mag noch auf zweierlei hingewiesen werden: Fragen der Automatisierung in der Verwaltung und allgemein im Büro unter arbeitswissenschaftlichen Aspekten sind beiseite geblieben. Das ist von der Einsicht her geschehen, daß die darin sich ausformenden Probleme zu vielseitig sind, als daß sie innerhalb des verfügbaren Zeitrahmens auch nur andeutungsweise hätten mitberücksichtigt werden können.

Diese Vielseitigkeit und auch Andersartigkeit kommt nicht zuletzt dadurch zustande, daß im Bereich der Büroarbeit die Einsparung von Kosten und umgekehrt die Erhöhung des „Ausstoßes“ nur ausnahmsweise – zu einem Teil vielleicht in den ausgesprochenen Bürobetrieben von Banken und Versicherung – der ausschlaggebende Antrieb für die Automatisierung ist. Die hauptsächlichen Beweggründe sind: Beschleunigung und Differenzierung der benötigten Informationen und Verbreiterung der Informationsbasis. Das hat, so merkwürdig es klingen mag, größere Zwangsläufigkeit, die neuen Techniken einzuführen, zur Folge, und für soziale Rücksichten gegenüber sich verändernden Arbeitsanforderungen und sogar der Freisetzung von Mitarbeitern bleibt ebenso zwangsläufig weniger Raum.

Ein weiteres ist die „Fernwirkung“ der Automatisierung im Bürobetrieb auf diejenigen, für deren Aufgaben sie Nutzen bringen soll. Sie müssen mit dem, was ihnen „geliefert“ wird, etwas anfangen können, sie müssen sich umstellen und hinzulernen oder müssen durch andere ersetzt werden. Der größer gewordene und zugleich reicher gegliederte Körper, mit dem das einzelne Unternehmen verglichen werden kann, bedarf eines dem entsprechenden Nervensystems – aber auch das würde wenig nützen, wenn das „Gehirn“ in seinem eigenen Funktionieren auf konventionelle Denkformen beschränkt bliebe. Gewiß bleiben Disponieren und Entscheiden die wichtigen Aufgaben der Unternehmensleitung und letztlich wesentliche Kriterien des unternehmerischen Denkens. Trotzdem sind wir vielleicht auf dem Wege dahin, mit Hilfe des weitgehend automatisierten Bürobetriebes mit der „Wissenschaftlichen Betriebsführung“, der einst *Taylor* diesen Namen gegeben hatte, 60 Jahre später ernst zu machen.

Das andere, das ich noch anfügen möchte, ist die Überlegung, worin im Hinblick auf die Automatisierung die Pessimisten gegenüber den Optimisten recht haben, daß sich nämlich der daraus von diesen erwartete „soziale Fortschritt“ nicht von selber einstellt. Hier wie sonst kommt es vielmehr darauf an, daß er verpflichtend erstrebt wird.

Das verlangt, daß im einzelnen Unternehmen und Betrieb wie im überbetrieblichen Zusammenwirken eine auf das Gelingen der angestrebten

Weiterentwicklung zielende und dafür die Mitarbeiter und ihre Qualitäten im weitestmöglichen Umfang berücksichtigende Personalpflege gehandhabt wird. Es ist dies zugleich der Weg, die – allerdings kaum jemals offen eingestandene – ideologische Gefahr zu überwinden, als habe sich das innere Gesetz der neuen Technik darin zu erfüllen, ihrer Tendenz nach den Menschen für die Arbeit überflüssig werden zu lassen.

Selbst dann, wenn sie imstande wäre, das zu erreichen, könnte sie die Grundforderungen der sozialen Ordnung nicht aufheben oder für ungültig erklären. Zu ihnen gehört, daß die Menschen darauf angelegt sind, in folgerichtiger Inanspruchnahme der dem einzelnen verfügbaren Qualitäten und in gegenseitiger personaler Verantwortung einander zu dienen. Daraus erst leitet sich der gegenseitige Anspruch her, nach Maßgabe ihrer Qualitäten an der Nutzung der gemeinsam erarbeiteten Güterwelt teilzunehmen.

Es ist das Schicksal der menschlichen Gesellschaft, daß sie der Verwirklichung dieses Zustandes nur langsam und mit Rückschlägen näher kommt. Indessen wäre es das Gegenteil von Fortschritt, wollte unsere Zeit einem Bemühen den Vorzug geben, das dahin führen könnte, wenn auch nicht der Absicht, so doch dem Ergebnis nach, die Entwicklung in der Gegenrichtung vorwärtszutreiben. Wichtig dafür, daß das nicht eintritt, ist Einsicht in die Notwendigkeit, die Probleme nicht nur zum Gegenstand situationsabhängiger „Maßnahmen", sondern vorzugsweise – und nicht zuletzt auch unter arbeitswissenschaftlichen Aspekten – systematischer Forschung zu machen.

Literatur

1. Automation – Was ist sie, was will sie, wie wirkt sie sich aus? Wiesbaden: Universum Verlagsanstalt, GmbH, Staatsbürgerliche Informationen (1956), Folge 46–47, Sept.–Okt.
2. *Pollock, Friedrich,* Automation – Materialien zur Beurteilung der ökonomischen und sozialen Folgen. Frankfurt a. M.: Europäische Verlagsanstalt GmbH, 1956.
3. Bericht des Generaldirektors des Internationalen Arbeitsamtes 1957, Teil I: Automation und andere technische Neuerungen – Soziale Auswirkungen. Genf 1957.
4. *Friedmann, Georges,* Einige psychologische und soziale Aspekte und Auswirkungen der Automation. Referat auf der „Frankfurter Tagung der List-Gesellschaft" vom 10. bis 12. Oktober 1957 in Aspekten der Automation, hrsg. v. Harry W. Zimmermann. Basel: Kyklos-Verlag und Tübingen: J. C. B. Mohr (Paul Siebeck) 1960, S. 294–312.
5. *Ströer, H. J.,* Mehr Technik, mehr Ingenieure. Der Mangel an Maschinenbau-Ingenieuren. Ursachen, Umfang, Abhilfe. Frankfurt a. M.: Maschinenbau-Verlag GmbH, 1957.
6. *Herwig, Bernhard,* Probleme des Einsatzes menschlicher Arbeitskraft im Automationsprozeß. Wien: Wirtschaftlichkeit (1956), 3–4, S. 51–56.

7. *Fuchs, H. W.*, Gefahren der Leistungsminderung an hochmechanisierten und automatisierten Arbeitsplätzen. Frechen (Bez. Köln): Zentralblatt für Arbeitswissenschaft, 14 (1960), 1, S. 1–4.

8. *Bright, James R.*, Erhöht die Automatisierung die Anforderungen an das Können? Darmstadt: Fortschrittliche Betriebsführung – Arbeitswissenschaftlicher Auslandsdienst, 8 (1959), 1, S. 13–24.

9. *Weinreich, Rolf*, Die Berufsausbildung von Facharbeitern im Zeichen fortschreitender Automatisierung. Heidelberg: Automatisierung 3 (1958), 2, S. 3–9.

10. Presse-Information des Deutschen Industrie- und Handelstages vom 28. 7. 1960.

11. *Rühl, Günter*, Der Rationalisierungs-Ingenieur (Industrial Engineer) in der amerikanischen Wirtschaft. Eindrücke, Vergleiche, Ausblicke. Freiburg–Berlin: Zeitschrift für wirtschaftliche Fertigung, 35 (1960), 6/7, S. 263–276.

12. *Poppelreuter, Walther*, Arbeitspsychologische Leitsätze für den Zeitnehmer. München und Berlin: Verlag R. Oldenbourg, 1929.

Summary

Numerous influences of the progressive process of automation on work and profession are to be expected, and have partially already become effective. At the level of the engineer's profession this could already be shown by the author's own and his assistants' investigations. It could indeed be shown that in the plants of such branches of industry, which are already extensively equipped with automation, a clearly established dependency on the latter had already brought about a shifting of points of concentration of the engineer's work and apart from that, from a quantitave point of view, a reduction in the number of qualified engineer positions was to be noted. Furthermore there are a number of tasks which, because of the prevailing automation, make greater demands upon the training of the engineer who is doing this particular work than this was formerly the case. The available engineer positions with manufacturers and equipment suppliers of automatic installations have become more numerous.

The results of investigations of the development of the level of employment and the professional structure, caused by the introduction of automation altogether, namely the results of tests – undertaken some years ago already – mainly in the USA and Great Britain, are rather differing and partially even contradictory. The answer to the question, whether a considerable 'reduction in the number of the unskilled' or 'a movement away from the centre' will be the most essential consequence, has been left entirely open. Not enough attention was paid in these investigations to those effects which are to be expected as and when automation will be introduced to a greater degree in the plants of medium – and smaller-sized undertakings, as well as in those with smaller series production, and thereby conditioned of changes in their production methods.

The industrial engineer who after World War 2 is being trained in the USA under the influence of automation can be looked upon as a new type of engineer altogether. This engineer has to cope with tasks of considerable magnitude and for this purpose he has to have at his command an entirely novel and differently assorted, exacting store of knowledge.

The changes in the field of administrative occupations as well as those effected in the plant operation and top management affairs by the greater degree of automation could only be fleetingly referred to in the lecture because of lack of available time.

Résumé

Il faut s'attendre à de nombreuses influences de l'automation sur le travail et la vie professionelle; ces influences sont en partie déjà agissantes. C'est ce dont témoignent les résultats de quelques enquêtes de l'auteur et de ses collègues au sujet de la profession d'ingénieur. Il été démontré que dans les entreprises des branches industrielles déjà fortement automatisées, l'automation a déjà nettement causé un déplacement des centres de gravité dans l'activité des ingénieurs, aussi bien qu'une diminution en quantité des postes d'ingénieurs. Il y a de plus, des domaines d'activité qui, du fait de l'automation, posent de plus hautes exigences qu'auparavant quant à la formation des ingénieurs qui y exercent leur activité. Les postes d'ingénieurs sont devenus plus nombreux chez les constructeurs d'installations automatiques et chez ceux qui en fournissent l'équipement.

Les résultats des enquêtes faites, il y a quelques années, principalement aux Etats-Unis et en Grande Bretagne, quant à l'évolution de la densité de l'emploi et à la modification de la structure professionnelle amenées par l'automation, sont très divers et en partie contradictoires. Si le principal effet en sera une considérable » diminution du nombre de non-formés professionnellement « ou un » déplacement hors de la classe moyenne «, l'avenir en décidera. Ces enquêtes ont tenu trop peu compte des effets auxquels il faut s'attendre quand l'automation gagne du terrain, dans les petites et moyennes entreprises fabriquant de petites séries et de ce fait appelées à changer fréquemment de programme.

La profession d'ingénieur a vu naître aux Etats-Unis, après la deuxième guerre mondiale et sous l'influence de l'automation, une nouvelle classe, » l'industrial engeneer «. Les tâches qui lui sont confiées posent des exigences considérables et il doit posséder des connaissances d'un genre nouveau, aussi étendues qu'approfondies.

Les modifications que l'automation a amené dans le domaine des activités administratives ainsi que dans la direction des entreprises et des usines n'ont pu être traitées qu'accessoirement, le temps réservé à ce compterendu étant limité.

Diskussion

Professor Dr. phil., Dr. rer. pol., Dr. theol. Joseph Höffner

Bei der Erörterung der Frage, ob die Automatisierung zu einer technologisch bedingten Arbeitslosigkeit führen werde, dürfte die von *Colin Clark*, *Jean Fourastié* und *M. Wolfe* näher untersuchte Einteilung der modernen Wirtschaftsgesellschaft in einen primären, sekundären und tertiären Sektor zu beachten sein. Der *primäre Sektor*, zu dem die – Bodenfruchtbarkeit und Bodenschätze nutzende – Urproduktion der Landwirtschaft und des Bergbaus gehört, hat in der entwickelten Industriegesellschaft beträchtlich an Bedeutung verloren. Während z. B. in den Vereinigten Staaten im Jahre 1820 noch 72,7 v. H. der Erwerbstätigen im primären Sektor ihren Beruf ausübten, waren es 1958 nur noch 11 v. H.

Kennzeichnend für den *sekundären Sektor* – als den Bereich der Verarbeitung und Herstellung von Investitions- und Konsumgütern (Handwerk und Industrie) – ist die durch Maschinisierung, Rationalisierung und Automatisierung bewirkte erstaunliche Produktivitätsentwicklung. Auch fand in der ersten Phase der industriellen Revolution eine Massenwanderung aus dem primären in den sekundären Sektor statt. In der fortgeschrittenen industriellen Gesellschaft nimmt jedoch die Zahl der im sekundären Sektor Beschäftigten langsam relativ ab, z. B. in den Vereinigten Staaten von 36 v. H. (1950) auf 28 v. H. (1958).

Um so erstaunlicher ist die immer breitere Ausweitung des *tertiären Sektors* der Dienstleistungen. So stieg z. B. in den Vereinigten Staaten die Zahl der in den Dienstleistungsberufen Beschäftigten von 15,2 v. H. (1820) auf 61 v. H. (1958) an. In der Bundesrepublik waren im Jahre 1957 im primären Sektor 18 v. H., im sekundären Sektor 40 v. H. und im tertiären Sektor 42 v. H. der Erwerbstätigen beschäftigt. Sucht man den tertiären Bereich näher zu analysieren, so stößt man auf zwei Arten von Dienstleistungen: Dienstleistungen, die sich auf die Planung, die Konstruktion und den Vertrieb produzierter materieller Güter des primären und sekundären Sektors beziehen, sowie Dienste, die nicht auf Sachgüter bezogen sind, sondern sich sonstigen, z. B. kulturellen Bedürfnissen der Menschen zuwenden. Man denke an die Hunderttausende, die im Gesundheitswesen, in der Verwaltung, in Kunst, Wissenschaft und Forschung sowie im Erziehungswesen tätig sind, aber auch an jene, die im Hotel- und Gaststättengewerbe, in den Vergnügungsbetrieben oder als Angestellte sonstiger „Freizeitmächte" beschäftigt sind. Manche Forscher nehmen an, daß schon bei dem heutigen Stande der Technik 10 bis 20 Prozent aller Erwerbstätigen genügen würden, um sämtliche Bedürfnisse des primären und sekundären Sektors nicht nur ausreichend, sondern im Überfluß zu decken. Auch weist man darauf hin, daß bei der jungen Generation ein Trend zu den Berufen des tertiären Bereichs unverkennbar sei.

(Minister Schütz: Da hätten wir die Hoffnung, daß wir 50 Prozent der Absolventen für pädagogische Berufe bekommen!)

Es fällt allerdings auf, Herr Minister, daß sich das Interesse der Jugendlichen vor allem jenen Dienstleistungsberufen zuwendet, die sachlich-objektiv ausgerichtet und in ihren Funktionen klar umgrenzt sind, z. B. im Handel oder im Büro, während jene Dienstberufe, die sich pflegerisch-sorgend oder erzieherisch *um den Menschen* mühen, weniger beliebt sind, z. B. der Dienst im Haushalt oder der Dienst an den Kranken im Krankenhaus oder auch der erzieherische Dienst – ein bedenklicher menschlicher Mangel unserer Zeit. Immerhin dürfte die Ausweitung des tertiären Sektors die Gefahr einer technologisch bedingten Arbeitslosigkeit gebannt haben, da Arbeitskräfte, die infolge der Automatisierung im sekundären Sektor frei werden, neue Erwerbsmöglichkeiten im tertiären Bereich finden.

Professor Dr.-Ing. Volker Aschoff

Es ist vielleicht interessant, auf einen Zweig der Automatisierung hinzuweisen, der schon sehr alt ist, nämlich auf die selbsttätige Vermittlung in den Fernsprechämtern, die um die Jahrhundertwende eingeführt wurde. Sie hat sich im Laufe der Zeit als unbedingt notwendig erwiesen, denn wir würden heute gar nicht genügend weibliche Arbeitskräfte zur Verfügung haben, um die Verbindung noch durch das „Fräulein vom Amt" herstellen zu lassen.

Obwohl nun diese Technik über 50 Jahre alt ist, hat sie noch keine einheitliche Lösung gefunden. Es gibt eine große Anzahl verschiedener Konstruktionen und Systeme auf der Welt, die praktisch gleichberechtigt nebeneinander bestehen konnten. Offenbar werden die Lösungsmöglichkeiten um so vielfältiger, je differenzierter eine technische Aufgabenstellung wird. Unsere Werkzeuge wie Hammer, Meißel usw. haben längst ihr endgültiges Aussehen gefunden. Auch bei komplizierteren technischen Gegenständen wie dem Fahrrad oder dem Automobil sind die Abweichungen von der Grundlösung nur noch ganz gering. Bei den komplizierten Einrichtungen der Automation in der Fernsprechvermittlung gibt es dagegen entweder an sich vielfältige Möglichkeiten, die gleichberechtigt nebeneinander stehen, oder aber die Entwicklung ist von einer optimalen Lösung noch so weit entfernt, daß die Endlösung noch nicht eindeutig abzusehen ist.

Als ich heute die „Neue Zürcher Zeitung" las, fiel mir das Wort „Automatisierung" an einer Stelle auf, an der ich es nicht erwartet hatte, nämlich in einem Beitrag über das Problem „Schiene und Straße". Der Verfasser dieses Artikels weist darauf hin, daß der steigende Übergang des Transportes auf den Lastwagenverkehr eigentlich allen Automatisierungsbestrebungen ins Gesicht schlüge, weil ja die Zahl der benötigten Kraftfahrer immer mehr ansteige, während auf der Schiene ein einziger Lokomotivführer auch für sehr große Züge genüge.

Dr. jur. Joseph Bollig

Für mich war die Bemerkung sehr interessant, daß ein Rationalisierungsingenieur, der nicht mehr die Bindung mit dem praktischen Betrieb hat, zu Ergebnissen und Vorschlägen kommt, die praktisch nicht brauchbar sind. Dazu kann ich von zwei Fällen aus Firmen, in denen ich tätig bin, berichten. Die in Auftrag gegebenen Rationalisierungsgutachten waren nicht zu gebrauchen. Die Vorschläge waren rein theoretisierend und gingen von irgendwelchen Kenntnissen aus, die die Gutachter in Amerika erworben hatten. Die Herren hatten sich in Amerika Betriebe angesehen, ohne die Möglichkeiten, die in dem einzelnen Betrieb vorhanden waren, genügend zu beachten. Sie übersetzten einfach die in Amerika gewonnenen Kenntnisse, ohne zu beachten, welche besondere Bedeutung Stückzahlen und Arbeitskräfte haben. Auch der Kapitalbedarf, seine Beschaffungsmöglichkeiten und andere ähnliche Dinge wurden nicht so berücksichtigt, wie es notwendig gewesen wäre, um durchführbare Vorschläge zu machen.

Nun zu Schiene und Straße! Wenn ich von Rationalisierung spreche, darf ich ja nicht nur an den Menschen denken, sondern ich muß auch an die Verkürzung des Arbeitsweges und an die damit verbundene Verkürzung der Zeit denken. Wenn man auf der Schiene transportieren läßt, kann man selbstverständlich größere Mengen von Gütern mit weniger Menschen, vielleicht mit *einem* Lokomotivführer, befördern lassen als auf der Straße mit einem Chauffeur. Wenn man dann aber die Güter zu der betreffenden Stelle, an der man sie braucht, transportieren läßt, dann hat man doch wieder mehr Arbeitskräfte notwendig. Es kommt nämlich dann das Umladen und ähnliches als zeitraubende Umstände dazu. Warum wird denn von manchen Betrieben der Transport – wenn es sich nicht gerade um sperrige Güter handelt, bei denen die Fracht eine große Rolle spielt –, der Verkehr von der Schiene auf die Straßen mit den Lastzügen verlagert? Doch vor allem wegen der Zeitersparnis, denn durch das Umladen geht sehr viel Zeit verloren.

Interessant und von Bedeutung ist das vor allem, wenn Sie an die Lieferfristen denken. Wenn man vor einem halben Jahr noch Lieferfristen von sechs Monaten hatte, so ist man heute generell bei einer Frist von neun Monaten angelangt. Dabei will ich von den Lieferfristen in der Maschinenfertigungsindustrie gar nicht reden. Auf gewisse Automaten wartet man zwei bis drei Jahre. Man hat dann Bedenken, überhaupt einen zu bestellen, denn man weiß nicht, wie es in zwei bis drei Jahren aussieht. Die Folge ist, daß man den Juristen damit beschäftigt, in Lieferverträge Rücktrittsklauseln einzubauen.

Manchmal kommt man bei Automatisierung in der Fertigung nicht mehr weiter. Alles ist fertig, die ganze Monatsproduktion, es fehlt aber eine bestimmte Sorte Schrauben. Man bekommt sie einfach nicht rechtzeitig geliefert. Das bringt mitunter die größten Schwierigkeiten. Die Folge ist, daß man dann im eigenen automatisierten Betrieb anfängt, auf alten Maschinen die fehlenden Schrauben herzustellen. Das kostet natürlich viel Geld. Aber man tut es, weil man die Schrauben braucht. Das hat dann wieder zur Folge, daß der Mann, der den Betrieb steuert, bei Vorlegung der Nachkalkulation fragt, wo eigentlich die Gewinn-„Prozente“ geblieben seien. Wenn man nachprüft, „stecken sie in der einen Schraube“!

Nun komme ich als Jurist zu etwas anderem.

Inwieweit werden wir denn bei den aus Rationalisierungsgründen gebotenen Zusammenschlüssen auch durch unsere Kartellgesetzgebung gehemmt? Eben ist so schön gesagt worden: „Tut euch zusammen!“ Ich bin für einen Betrieb aus der metallverarbeitenden Industrie verantwortlich. Die Automaten sind in keinem der gleichgelagerten Betriebe voll ausgelastet. Aber wenn ich mich nun jetzt mit einem anderen Betrieb zusammensetze und überlege, ob der eine Betrieb nicht diese Sorte und der andere jene machen sollte, also den Markt der Gattung nach aufteile, nicht dem Gebiete nach, so kommt bestimmt einer, der davon gehört, mit dem Kartellamt. Das sind ja nicht nur „Empfehlungen“! Jetzt können Sie sagen, in Amerika hat es doch geklappt. Aber in Amerika sind erstens einmal die Räume viel größer, und zweitens hat man in Amerika nicht nur ein Antitrustgesetz sondern auch ein Antidumpinggesetz. Bei uns hat man die Schaffung eines Antidumpinggesetzes vergessen. Und meines Erachtens nur deswegen, weil man das Gerede von der Wettbewerbsbeschränkung gerne hört. Das war ein interessantes Thema, das wurde – wie man in Köln sagt – von der großen Masse „gefressen“, die glaubte, es sei etwas gegen zu große Gewinne getan, man hatte wieder Ruhe geschaffen. Aber wenn wir die Frage der Rationalisierung und die damit verbundenen Probleme sehen, stoßen wir auch auf Schwierigkeiten, die auf kartellrechtlichen Bestimmungen beruhen.

Es wurde von der tertiären Gruppe gesprochen. Hierunter fällt ja nicht nur die Unterhaltungsindustrie, die Vergnügungsindustrie sowie das, was sonst zur Erholung gehört. Wenn es sich dabei um die geistige Fortbildung handelte, wäre mir viel wohler. Aber daß die in Amerika so gewaltig sei, kann man nicht behaupten. Bei uns wird zwar sehr viel getan, aber die „Do it you self“-Bewegung ist in Amerika größer als hier. Wenn wir die vielen Freizeiten analysieren, stellen wir folgendes fest:

Die Jugendkriminalität nimmt zu. Daran ist kein Zweifel. Das heißt also, die vielen freien Zeiten, die die jungen Menschen haben, benutzen sie nicht, um mehr zu lernen, um sich fortzubilden. Ausnahmen bestätigen nur die Regel. Die Folge davon ist, daß in den Strafakten auf die Frage an die Jugendlichen: „Wie seid Ihr dazu gekommen?“, folgender stereotyper Satz – wobei ich unterstelle, daß unsere Polizeibeamten keine stereotypen Protokolle aufnehmen – als Antwort steht: „Wir hatten an dem Samstag nichts zu tun, wir waren zusammen, hatten überlegt und dann ein Ding gedreht!“ Zu denken geben sollte, daß viele Delikte gerade auf die Wochenende fallen. Die erhöhte Jugendkriminalität hat eine stärkere Beanspruchung unserer Jugendgerichte zur Folge. Wir haben also nicht nur Lehrer notwendig! Auch unsere Strafanstalten reichen nicht mehr aus, sie sind alle überbelegt. Die Folgeerscheinungen der durch Rationalisierung ermöglichten großen Freizeit erfordern also auch in der Strafrechtspflege mehr Kräfte. Abzuwenden wäre das nur, wenn man erreichte, daß unsere jungen Leute mehr für die Bildung täten als für das Vergnügen.

Professor Dr. rer. nat. Heinrich Behnke

Vielleicht darf ich dazu noch etwas ergänzen. Wir haben ja in den mathematisch-naturwissenschaftlichen Fakultäten der Universitäten die auffällige Erscheinung, daß die Studiendauer in der Praxis ganz ungewöhnlich verlängert ist. In der Chemie währt sie etwa 16 bis 18 Semester. Das mag schon geraume Zeit so sein. In der Physik haben wir diese Wandlung im letzten Jahrzehnt wahrnehmen müssen. Noch um 1930 studierten auch die promovierten Physiker nicht länger als 10–12 Semester, während ich auch dort jetzt 16–18 Semester Studiendauer beobachte.

In der Mathematik haben wir bisher diese Wandlung noch nicht. Auch wenn jemand promoviert wird – nur ein kleiner Prozentsatz aller mit Erfolg das mathematische Studium abschließenden Studenten macht das Doktorexamen –, dauert das Studium kaum länger. Aber auch das könnte bald anders werden, weil ebenso wie in der Physik und Chemie die in die Industrie und Wirtschaft gehenden Mathematiker promoviert sein wollen wie ihre Kollegen aus den Nachbarfächern. Nun nimmt der Prozentsatz der in die Industrie gehenden Mathematiker sehr schnell zu. Damit wird auch eine große Schar mittelbegabter Studenten der Mathematik zur Promotion drängen. Man wird wie in den Nachbarfächern das Diplomexamen obligatorisch dazwischen legen. Es wird eine Sonderausbildung in angewandter Mathematik hinzukommen und wir haben dieselbe, vom sozialen Standpunkt aus gesehen, ungesunde Erscheinung wie in der Physik und Chemie.

Nun interessiert mich im Anschluß an die Vorträge und die Bemerkung des Herrn Ministers die Frage: Wird durch die geschilderte Automatisierung der industriellen Arbeit die Anforderung an die Ausbildung der Diplomingenieure so hinaufgeschraubt, daß auch hier mit einem so langen Studium wie in der Physik und Chemie in Zukunft zu rechnen sein wird?

Frau Staatsminister Dr. med. h. c. Christine Teusch

Herr Professor Höffner, Sie haben gesagt, daß es in dem Primärsektor Landwirtschaft 10 % wären. Ich möchte fragen, ob dazu auch die Hauswirtschaft gehört. Herr Professor Mathieu war so freundlich, uns nicht nur ein neuntes, sondern auch noch ein zehntes Schuljahr zu empfehlen und als notwendig hinzustellen. Dazu käme dann noch eine Verlängerung der Lehrzeit. Aber, wenn wir das alles vom Schulischen her sehen, meine ich, neben den Attributen, die er dem gelernten, dem angelernten und ungelernten Arbeiter in der rationalisierten Wirtschaft zugesprochen hat, wie Wachheit, Verantwortungsbewußtsein, Gemeinschaftssinn usw. müßte zunächst einmal die menschliche Kontaktaufnahme und Kontaktpflege auch im einfachsten Arbeiter und in der einfachsten Arbeiterin gefördert werden. Ich glaube, daß das durch eine zu ausgiebige Verschulung bis ins zehnte Volksschuljahr oder durch eine zu ausgiebige Nur-Lehrzeit mit Berufsschulpflicht noch nicht genügend angesprochen ist. Je mehr man die Mechanisierung und die Automatisierung, also die tote Maschine, in den Vordergrund von Verdienst und Erwerb bringt, um so mehr – das ist meine persönliche Auffassung, sie mag berichtigt oder ergänzt werden – halte ich den Menschen für eine individuelle Kontaktnahme abgestumpft, weil ihm in der Art seiner Arbeit die ethischen Eigenschaften nicht genügend klargemacht werden. Dann kommt der Gegenschlag! Bei der verkürzten Arbeitszeit sucht er sich dann sein persönliches Ausleben in einer verlängerten Freizeit. Diese Verlängerung schlägt dann – Herr Kollege Bollig – zu Exzessen und Radikalisierungsprozessen aus. Bei aller Rationalisierung und Wirtschaftlichkeit durch die Automatisierung, durch Maschinen, sollte man die lebendigen Kräfte der menschlichen Kontaktnahme pflegen, zumal ihnen in der rationalisierten Wirtschaft, gerade bei jungen Menschen, nicht genügend Aufmerksamkeit geschenkt wird.

Deshalb meine Frage: Ist der Hauswirtschaft als Urproduktion auch genügend Gewicht zugesprochen worden? Denn was Landwirtschaft und Nahrungsbeschaffung an Gedeih bringt, das bringt die Hauswirtschaft für das kollektive Gedeihen der Familie, also sie ist auch in dieser Beziehung eine Urproduktion. Abgesehen davon beinhaltet die Hauswirtschaft auch viele ethische Prämissen für die weibliche Arbeitskraft, die unserer industrialisierten Gesellschaft noch zugute kommen können.

Dr. phil. K. R. Jacobi

Ich möchte aus der Sicht eines Großbetriebes ein paar Bemerkungen machen, die die Beobachtungen und Ausführungen von Herrn Professor Mathieu nach der soziologischen Seite unterstreichen. Wir beobachten, daß in unserem Bereich heute schon eine Berufsverlagerung dadurch eintritt, daß die klassischen Lehrberufe wie Bäcker, Metzger usw. zurückgehen. Wir müssen damit rechnen, daß das Wort vom „ehrbaren Handwerk“ langsam Historie wird, weil auf diesen Gebieten langsam alles in Großbetriebe übergeht. Wenn die

Gesellen aus dem Bäckerhandwerk z. B. keine Arbeit mehr haben, kommen sie zu uns. Wir haben auch eine Menge Friseure. Diese haben zwar eine Zeitlang Gesellentätigkeit ausgeübt, wurden dann aber wohl zu teuer und durch jüngere Kräfte und Lehrlinge ersetzt. Diese Gesellen kommen als Erwerbslose zu uns. Sie werden bei uns angelernt. (Nebenbei sei bemerkt, daß der Friseurberuf langsam ein reiner Frauenberuf zu werden scheint. Es gibt kaum noch Jungen, die Friseur werden wollen.) Die ehemaligen Bäcker und Friseure werden bei uns auch in den automatischen Betrieben angelernt. Sie lernen vier, sechs oder acht Wochen und sind dann als angelernte Kräfte voll einsatzfähig. Es handelt sich hier nicht um Lehrberufe, sondern um Anlerntätigkeiten. Die Leute schaffen das, weil unsere Anlagen, soweit sie vollautomatisch arbeiten, das Denken mit besorgen und sogar bei Störungen automatisch abschalten. Die Arbeitskräfte sind praktisch nur eine „Entstörkolonne", die mit Hilfe des Aufsichtspersonals dann aktiv eingreift, wenn Störungen eingetreten sind.

Wir haben bei uns, Herr Professor Mathieu, beobachtet, daß wir hinter dem Fabrikationsarbeiter jetzt mehr Handwerker brauchen. Ich bin der Auffassung, daß diese Erscheinung, mehr Handwerker zu benötigen, bleiben wird. Die Reparaturkolonne wird um so größer, je mehr automatisiert ist. Es entstehen sogar neue Berufe. Ich erwähne das Berufsbild des Regelmechanikers, der aus dem vollautomatischen Betrieb kommt. Dieses Berufsbild ist erst vor kurzem anerkannt worden.

Dann möchte ich noch eine bittere Bemerkung zu der Freizeit machen. Wir sehen mit kritischen Augen, wie vor allem Dingen die jüngere Generation die Freizeit anwendet. Dazu ist leider die Neigung bis hinein in die Leitschichten zu beobachten – bitte, nehmen Sie mir das nicht übel, wenn ich es sage –, daß die berufliche Seite zwar schön ist, man aber möglichst schnell viel „Moos" machen will, um z. B. einen fahrbaren Untersatz kaufen zu können. Bemühungen, Fortbildungskurse zu gestalten, zeigten, daß manches Mal wenig Neigung besteht, sich weiterzubilden. Das sollte uns, auf die Dauer gesehen, große Sorgen machen. Den freien Samstag und den Sonntag benutzt man unter Umständen, um mit dem fahrbaren Untersatz vom nördlichen Ruhrgebiet bis zum Bodensee und wieder zurück zu fahren. Das Ergebnis ist, daß man sich am Montag erholen muß, um sich am Mittwoch langsam für das nächste Wochenende vorzubereiten. Daß dies keine Erholung oder Ausspannung bringt, besonders wenn man älter wird, ist auch klar. Meiner Auffassung nach ergibt sich hier eine Aufgabe für alle Institutionen, einschließlich der Kirchen, Anregungen für den sinnvollen Einsatz der Freizeit zu geben. Ich meine, es wird ein Generationsproblem sein, eine sinnvolle Verwendung der Freizeit zu erreichen. Es ist aber auch ein Familienproblem. Wir haben auf dem soziologischen Gebiet das berühmte Schlagwort „Samstags gehört Vati mir!" Das ist in Ordnung, nur muß der Vati auch bereit sein, mit den Kindern, vor allem mit den Halbwüchsigen, etwas anzufangen.

Dr. Josef Hofmann, M. d. L.

Ich habe eine Frage an Herrn Professor Mathieu. Ist es richtig, daß aus seinem Vortrag geschlossen werden kann, er sei für das zehnte Schuljahr? Ich habe vielmehr seinem Vortrag die gegenteilige Argumentation entnommen, da er sagte, in den qualifizierten Handwerksberufen, die wir haben, müßte eigentlich die Lehrzeit verlängert werden. Das paßt nicht mehr mit einem zehnten Schuljahr zusammen, höchstens mit einem neunten Schuljahr. Aber ein zehntes Schuljahr würde jede vernünftige Lehre zerstören. Vielleicht könnte Herr Professor Mathieu in seinem Schlußwort darauf eingehen.

Eins ist sicher: Wir werden zu einer größeren Mobilität erziehen müssen. Eine Statistik darüber, wie viele später noch in dem gelernten Beruf echt tätig sind, würde ergeben, daß es bei den alten Berufsarten nur noch sehr wenige sind.

Abschließend möchte ich noch einmal auf die Ausführungen von Herrn Professor Opitz zurückkommen. Sein Grundanliegen, den Typenwirrwarr zu überwinden, ist leider in der Diskussion nicht besprochen worden. Bei der Frage der zukünftigen Konkurrenz, der Sowjetunion, scheint es mir wichtiger zu sein, sich mit dieser Frage zu beschäftigen, als sich in imaginären Zahlen über Ingenieure usw zu ergehen.

Professor Dr.-Ing. Herwart Opitz

Herr Kollege Aschoff wies auf die großen Erfolge der Automatisierung in der Nachrichtentechnik hin, die von uns allen dankbar anerkannt werden. Auch in der Fertigungstechnik hat man sich der Methoden der Nachrichtentechnik sehr intensiv bedient. Aber Sie alle haben auch schon einmal erlebt, daß Sie bei einem Anruf mit jemand anderem verbunden wurden, als Sie beabsichtigten. Das ist kein großes Unglück, wenn der Betreffende nicht gerade in Kanada wohnt und Sie die Kosten für ein Gespräch mit Kanada bezahlen müssen. Wenn aber in der Fertigungstechnik eine „falsche Nachricht" verarbeitet wird, dann gibt es u. U. ein großes Unglück. Eine falsche Nachrichtenübermittlung kann hier mit einem Schlage 50 000 oder 100 000 DM kosten. Aus Gründen der Funktionssicherheit sind die Methoden der Fernmeldetechnik nicht unmittelbar verwendbar, obwohl sie sehr viel Anregungen gaben. Das Meldesystem des Eisenbahnsicherungsdienstes wäre hier eher zu verwenden. Aber auch da sind eine Reihe zusätzlicher Entwicklungen erforderlich.

Herr Kollege Aschoff schnitt dann noch einen anderen wichtigen Punkt an. Er hat dargestellt, daß viele Typen der Vermittlungsmöglichkeit nebeneinander bestehen, weil die Entwicklung noch nicht zum Abschluß gekommen ist. Das ist auch das, woran die Automatisierung der Fertigungstechnik krankt und worunter die Wirtschaft leidet. Die Entwicklung läßt sich nur in Grenzen beschleunigen, wenn man nicht den Weg geht, der in Rußland systematisch beschritten wird. Dort hat man beispielsweise für die Automatisierung ein Institut mit 400 Wissenschaftlern geschaffen, die sich nur mit Fragen der „Technik von morgen" beschäftigen, die also keine konkreten Aufgaben haben, sondern nur die Entwicklungstendenzen untersuchen, die in den nächsten zehn oder 50 Jahren Bedeutung gewinnen könnten. Die Forschungsmethoden, die dort geübt werden, haben gerade die Amerikaner und uns Deutsche außerordentlich beeindruckt. Dort ist man ganz neue Wege, beispielsweise in der Verwendung der elektronischen Rechenmaschinen, gegangen, die – obwohl es gar nicht beabsichtigt war – sehr schnell ihren Eingang in die Technik gefunden haben. Immerhin ist es möglich, wenn man die Forschung so voranstellt und sie so konzentriert, Entwicklungstendenzen zu erkennen und für die unmittelbare Verwendung in der Praxis die eine oder die andere Richtung zu empfehlen, so daß der Fortschritt nicht auf 100 Wegen, sondern – um ein Verhältnis zu nennen – auf 5 Wegen versucht und auch praktisch erprobt wird. Wenn sich dann noch ein sechster, besserer Weg ergibt, wird auch der beschritten.

Der deutsche Werkzeugmaschinenbau umfaßt zur Zeit etwa 500 Firmen. Davon befassen sich 100 Firmen parallel zueinander mit Automatisierungs- und Steuerungsfragen, mit völlig unzureichenden Mitteln. In Rußland sind es 3 oder 4 Unternehmen die gezielt eingesetzt werden, über die nötigen Mittel verfügen und daher eher Erfolg haben. Gott sei Dank ist man auch bei uns allmählich zu der Erkenntnis gekommen, Entwicklungen – beispielsweise aus der Technik der Fernlenkgeschosse, in denen ja auch Fragen der Automatisierung, der Steuerungs- und Regeltechnik gelöst sind – aus Amerika zu übernehmen.

Dann wurde auf die Schwierigkeit hingewiesen, die die Kartellgesetzgebung der Rationalisierung entgegensetzt. Das ist zweifellos ein sehr wichtiger Gesichtspunkt. Ich habe in meinem Vortrag auf das Beispiel der seit 26 Jahre bestehenden Gemeinschaft der Drehbankfabriken hingewiesen, die mit vollem Erfolg gearbeitet hat. Aber im vorigen Jahr hat sich das Kartellamt vorbehalten zu überprüfen, ob diese Gemeinschaft zulässig sei. Es handelt sich dabei um eine – wie ich schon sagte – seit 26 Jahren bestehende und bewährte Einrichtung. Es ist natürlich tief betrüblich, wenn sich der Gesetzgeber zu solchen Maßnahmen entschließt. Der Ausschuß „Steuern" der Arbeitsgemeinschaft für Rationalisierung hat sich zu Anfang seiner Tätigkeit – damals, vor einigen Jahren unter Kollegen Schmölders – sehr mit der Frage beschäftigt, in welchem Umfang die Steuergesetzgebung rationalisierungsfeindlich sei. Es sind dann auch einige sehr vernünftige Vorschläge gemacht worden. Ich glaube, daß man das Rationalisierungskartell als etwas Unvermeidliches nicht mehr bestrafen sollte. Vielmehr müßte man es in viel weiterem Maße zulassen, als das heute der Fall ist. Hier ist wirklich ein Angelpunkt, an dem die Parlamente mit einsetzen müßten, um unserer Technik und der Wirtschaft die Möglichkeit zu geben, sich die Vorteile, die anderswo mit Selbstverständlichkeit genutzt werden, dienstbar zu machen.

Ein weiterer Punkt war der Einsatz der Rationalisierungsbüros und Industrieberatungsstellen. Es ist tatsächlich wahr, daß in vielen Fällen ungeeignete Elemente auf diesem Sektor tätig sind, die einen Erfolg, den sie irgendwo einmal vorweisen konnten, auf viele andere Dinge übertragen wollen, was nur selten möglich ist. Ich glaube, daß wir an den Technischen Hochschulen gerade die Ausbildung des „industrial engineering" und der Industrieberatung viel stärker pflegen sollten, als das bisher der Fall war. Bei kleinen und mittleren Firmen wird man sich dieser Einrichtung in zunehmendem Maße bedienen müssen, weil diese selbst nicht in der Lage sind, Fachleute für die verschiedensten Aufgaben auf die Dauer zu beschäftigen. Diese sind hier ja auch nur für eine bestimmte Zeit notwendig.

Es wird immer wieder die Sorge geäußert, daß die kleinen und mittleren Firmen völlig verschwinden. *Das wird nie der Fall sein.* Wir brauchen in Zukunft in viel stärkerem Umfang gerade Spezialbetriebe für die Zulieferung an automatisierte Betriebe; Spezialisten beispielsweise für den Bau ganz bestimmter Fertigungseinrichtungen. Diese müssen aber auch unter rationellen Bedingungen hergestellt werden, sonst werden die Kosten in der Fertigung durch die Kapitalbelastung zu groß.

Eine kurze Zwischenbemerkung zu dem Problem Schiene/Straße. Es ist interessant festzustellen, daß beispielsweise beim Volkswagenwerk 60 % aller Fahrzeuge über die Schiene mit Sammelzügen das Werk verlassen. Hier hat sich das Verhältnis in wenigen Jahren völlig gewandelt: Früher war der Straßenversand wesentlich größer.

Auf die Ausbildungsfragen wird sicherlich mein Kollege Mathieu eingehen. Ich möchte aber noch ein paar Bemerkungen über die Ausbildung in Rußland machen. Dort ist man vor sechs Jahren zu einem zehnjährigen Schulsystem übergegangen, aber inzwischen wieder auf das achtjährige Schulsystem zurückgekommen, weil es sonst schwierig wurde, die jungen Leute nach 10jähriger Ausbildung noch für die Arbeit in der Fabrik zu gewinnen. Es war eben notwendig, sich hier eine Beschränkung aufzuerlegen. Jeder ist gezwungen, mindestens zwei Jahre in der Industrie oder in der Landwirtschaft handwerkend tätig zu sein, bevor er an einer weiteren Ausbildung teilnehmen kann. Aber die Ausbildung in den acht Jahren ist offensichtlich ausgezeichnet. Es wird dort sehr viel Wissen, aber offenbar auch sehr viel Verständnis vermittelt. In vielen Fällen sind Fremdsprachen mit in das Unterrichtsbild aufgenommen. Das Anregen zum Selbststudium ist sehr stark ausgeprägt. Es ist wirklich wahr, daß man drüben in der Untergrundbahn oder im Omnibus auch junge Menschen immer mit einem Buch sieht. Sobald sie nur Zeit haben, haben sie ein Buch in der Hand, denn sie wissen, daß ihr ganzer Lebensweg davon abhängt, was sie lernen und was sie wissen.

Die Ingenieurausbildung ist in der UdSSR ebenfalls ausgezeichnet. Es ist nicht wahr, wenn gesagt wird, daß der Russe nur Spezialisten ausbildet. Er vermittelt allen Studenten eine intensive Grundausbildung in Mathematik, Physik und dergleichen; die Fachausbildung ist dann natürlich etwas spezialisierter als bei uns. Die Zahl der Studenten ist sehr groß. Effektive Zahlenangaben die wirklich vergleichbar wären, sind kaum zu erhalten. Aber jedenfalls ist die Zahl der Studenten unverhältnismäßig hoch. Ich habe in Tiflis die Technische Hochschule mit 10 000 Studenten selbst besucht und die Studentenheime für 12 000 Studenten gesehen. In Tiflis studieren 76 000 Studenten, wie mir gesagt wurde. In Moskau soll die Zahl der Studenten über ½ Million betragen.

Die Ingenieurausbildung wird durch die Sprachenausbildung ergänzt. Jeder Student muß eine Fremdsprache exakt in allen Sparten beherrschen und sich in einer zweiten Sprache verständigen können. Das regt außerordentlich an. Die weitere Ausbildung des fertigen Diplomingenieurs – drüben: Kandidat der technischen Wissenschaft genannt – erfolgt dann in den Instituten der Akademien oder in Industriebetrieben. In acht bis zehn Jahren kann dann die Doktorprüfung abgelegt werden. Das Streben nach dieser Ausbildung ist deshalb so stark, weil die Bezahlung außerordentlich gut ist. Ein Arbeiter verdient dort 900 Rubel im Monat, ein Diplomingenieur 3000 Rubel, ein Doktor-Ingenieur 5000 bis 6000 Rubel, ein Professor, Institutsleiter oder Chefingenieur 11 000 bis 16 000 Rubel im Monat. Ein Kraftwagen, der etwa unserem Opel-Rekord entspricht, kostet 12 000 Rubel. Daraus können Sie die Kaufkraft ermessen.

Diese sehr weit auseinanderragende Bezahlung, die vom Ausbildungsstand und natürlich von der Leistung abhängig ist, wirkt sich außerordentlich anregend aus. Es ist in Rußland Selbstverständlichkeit, daß jede Frau arbeitet

(Frau Staatsminister Dr. Teusch: Außerhalb der Hausarbeit?)

– Hausarbeit wird nicht gewertet.

Nun zum letzten Punkt, den Herr Hofmann ansprach, dem Typenwirrwarr. Das ist ein Problem, das sehr ernst genommen werden sollte. Man müßte der Wirtschaft in viel größerem Maße die Möglichkeit geben, entscheidend dieser „Krankheit" zu begegnen. Zwangsmaßnahmen sind hier jedoch unzweckmäßig. Eine freiwillige Zusammenarbeit der Wirtschaft muß in viel größerem Umfange als bisher wirksam werden.

Professor Dr.-Ing. Joseph Mathieu

Zunächst ein Wort zu dem Hinweis von Herrn Kollegen *Aschoff* hinsichtlich des Verhältnisses „Schiene–Straße". Für das Automatisierungsproblem unter unserem Aspekt scheint mir diese Betrachtungsweise nicht sehr fruchtbar zu sein. Es ist das Pech der Eisenbahn, daß sie früher da war; im umgekehrten Falle wäre es wahrscheinlich anders.

Als Möglichkeit, auf die in verschiedenen Diskussionshinweisen sehr mit Recht Bezug genommen wurde, ist es ins Auge zu fassen und sorgfältig zu untersuchen, daß in dem zweiten der drei großen Wirtschaftsbereiche, praktisch dem industriellen Sektor der Volkswirtschaft, durch die Automatisierung eine strukturelle Arbeitslosigkeit eintreten kann. Inwieweit sie in diesem Fall durch den tertiären Bereich der Dienstleistungen aufgefangen wird und welche Voraussetzungen dafür gegeben sein müssen, muß gleichfalls untersucht werden. Von Herrn Dr. *Hofmann* ist als Beitrag hierzu eine Erziehung zu größerer Mobilität als erforderlich herausgestellt worden. Von Herrn Dr. *Jacobi* wurde in demselben Zusammenhang auf die als Trend schon lange bestehende, indes immer augenfälliger werdende Abnahme der Beschäftigungsmöglichkeiten für Gesellen in verschiedenen Sparten des traditionellen Handwerks und auf die bisher mögliche Übernahme dieser Kräfte als Angelernte in die Industrie hingewiesen.

Bereits jetzt ist wohl die Annahme berechtigt, daß im Zuge der Weiterentwicklung für viele Beschäftigte eine Abwanderung aus dem sekundären Bereich, dem die Eisen- und Metallindustrie, die weiterverarbeitenden Industriezweige, das Bauhauptgewerbe und Teile dem Handwerks angehören, notwendig sein wird, vergleichbar mit jener anderen, die in den ersten Jahrzehnten der Industrialisierung aus dem primären Bereich – hauptsächlich aus der Landwirtschaft – in den sekundären Bereich erfolgt ist. Die nunmehr zu erwartende neue Wanderung ist da nach Fourastié eben mit ein Preis, der für den technischen Fortschritt bezahlt werden muß. Daß sich für den einzelnen, der davon betroffen wird, Folgen ergeben, die zu tragen nicht immer einfach ist, ist eine andere Sache, zugleich aber für die Verantwortlichen ein wesentliches, und zwar mehrschichtiges, Problem.

Von hier aus nämlich beginnen die eigentlichen Schwierigkeiten. Da wird zunächst die Entlohnungsfrage gestellt. Die Produktivität im tertiären Bereich der eigentlichen Dienstleistungen, die im wesentlichen den Handel, die Verwaltung, das Unterrichtswesen, die freien Berufe und eine große Zahl von Handwerksberufen umfaßt – zu ihm werden auch die häuslichen Dienste gezählt, während das Verkehrswesen ein Problem für sich darstellt – ist geringer als in der Industrie und vielleicht auch geringer als in der Landwirtschaft. Das wirkt sich zwangsläufig auf die Entlohnung aus. Gegenwärtig ist es so, daß statt der Hinwendung zu den Dienstleistungsgewerben und -berufen aus ihnen abgewandert wird. Die Arbeitgeber in diesen Gewerben erklären: Um höhere Löhne zu zahlen, sei die Produktivität zu gering. Sie sehen es nur von dieser Seite und resignieren.

Bei näherem Zusehen verschränken sich Ursachen und Wirkungen zu einer schwer zu durchschauenden gegenseitigen Abhängigkeit. Es wäre – ich muß mich damit begnügen, es anzudeuten – die ganze Komplexität dessen heranzuziehen, was mit dem angelsächsischen Wort „service“ abgedeckt wird. Ein, allerdings recht spezielles, Beispiel ist das immer mehr in Erscheinung tretende Hotel „Garni“. Dort werden Übernachtungsmöglichkeiten und das übliche kleine Frühstück geboten, dann muß der Gast gehen. Weder wohnen im eigentlichen Sinne kann er in einer solchen Art von Hotel noch dort seine anderen Mahlzeiten einnehmen. Begünstigt, wenn auch wahrscheinlich nicht ausschließlich herbeigeführt, wurde dieser Stilwandel im Beherbungsgewerbe durch chronischen Personalmangel.

(Zuruf Dr. *Bollig:* „Das liegt daran, daß keiner mehr dienen will!" Weiterer Zuruf: „Die Leute sagen: Wir sind doch nicht dafür da, um anderen die Schuhe zu putzen!")

Das trifft sicherlich zu. Aber „dienen" und „verdienen" sind nicht nur sprachlich benachbart. So ganz selbstlos sind die Menschen auch früher nicht gewesen. Trotzdem beschränkt sich das Ganze nicht darauf, ein Lohnproblem zu sein, und dies schon gar nicht im Hinblick auf die uns hier beschäftigende Weiterentwicklung.

Nun zu dem, worin ich vielleicht etwas mißverstanden worden bin. In meinem Vortrag konnte ich mich nicht im einzelnen über die Zusammenhänge zwischen Schulbildung und Berufsausbildung auslassen. Lediglich andeutend konnte ich auf die Frage hinweisen, ob das neunte oder sogar das zehnte Pflichtschuljahr richtig sei oder nicht. Ich hatte mich lediglich darauf beschränkt, hinweisend das zu skizzieren, was gegenwärtig in Fachkreisen diskutiert wird.

Es gibt da einen Standpunkt, der von der Vorstellung ausgeht, daß der Vierzehnjährige nicht nur an Jahren jung ist, sondern noch der inneren Entwicklung bedarf, bevor er in diese komplizierte Arbeitswelt von heute hineingenommen wird, die ganz und gar nichts mehr mit seinem privaten Lebensbereich zu tun hat. Tatsächlich ist nicht zu verkennen, wieviel enger in früherer Zeit der Arbeitsbereich und der private Lebensbereich zusammenhingen. Ich brauche dafür nicht nur an die alte Spinnstube zu denken. Diese Erinnerungen klingen heute etwas romantisch. Die Zeiten haben sich gewandelt, und das, was früher war, wird – offen gesagt – gerade auch von den Arbeitern nicht mehr gewünscht. Es wäre deshalb falsch, sich einer solchen Romantik hinzugeben. Aber die Tatsache besteht, daß der Mensch in eine Welt kommt, die durch Gesetzmäßigkeiten beherrscht wird, von denen er zunächst so gut wie nichts verstehen kann. Daraufhin wird aus Erzieherkreisen gefragt, ob es richtig sei, daß der Vierzehnjährige sofort und ohne Übergang in diese Welt eingeführt wird.

(Zuruf: „Warum sollte das mit 15 Jahren besser gehen?")

Die Überlegung geht davon aus, daß die hochspezialisierte Ausbildung eine festere Basis benötigt in der Form einer gründlicheren Allgemeinbildung, als sie gegenwärtig geboten wird. Dieses und weiteres sind Fragen, wie sie seit einiger Zeit in der Diskussion stehen. Darüber schon jetzt etwas Abschließendes zu sagen, ist schwer.

Herr Dr. *Hofmann,* es ist hier weniger davon die Rede, die Lehrzeit zu verlängern. Vielmehr sehen die Betriebe, wie die Zahl der für die betriebliche Ausbildung verbleibenden Stunden immer kleiner und damit die Lehrzeit immer kürzer wird. Das glauben sie, im Hinblick auf den Zweck und Erfolg der Berufslehre nicht verantworten zu können. Aus dem Ausland kenne ich Lehrverträge, die nicht auf Lehrjahre, sondern auf Lehrstunden abgestellt sind. Dort kommt dieses Problem überhaupt nicht zum Entstehen. Es heißt vielmehr: Soundso viele tausend Ausbildungsstunden sind notwendig, wenn der betreffende Lehrling die Facharbeiterprüfung ablegen will. Es ist dann eine Frage zweiter Ordnung, über wie viele Jahre sich die Ausbildung erstreckt.

Bei uns ist durch die Verkürzung der Arbeitszeit effektiv eine Verkürzung der Lehrzeit eingetreten. Gewiß, das stößt sich hart im Raum. Gerade deshalb sollte man das, was zu tun sei, ernsthaft und sachlich zu Ende diskutieren.

Nun zu einer Bemerkung von Frau Minister *Teusch:* Was die persönliche Entwicklung der jungen Menschen und ihre Förderung angeht, stehen nicht wenige Betriebe vor einer ganz neuen Aufgabe. In vielleicht auf den ersten Blick etwas locker erscheinendem Zusammenhang damit möchte ich ein Beispiel anführen, das mich stutzig gemacht hat. Kürzlich fragte ich den Direktor einer deutschen Schuhfabrik, die mehr als 600 Menschen beschäftigt, wie viele Betriebsangehörige dieser Fabrik imstande sind, einen Schuh zu machen. Er antwortete mir auf Anhieb: Vier Personen, das sind unsere Modelleure, sonst niemand. Für einen Fertigungsfachmann war es keine Überraschung, daß auch ein Meister in einer Schuhfabrik im Leben keinen Schuh zusammenbringt. Damit hat er gar nichts zu tun. – Über diesen speziellen Betrieb in unserem Zusammenhang nur so viel.

Ich möchte dem nun einen anderen Betrieb gegenüberstellen, einen sehr modern eingerichteten großen Konfektionsbetrieb, in dem viele Frauen und Mädchen beschäftigt sind. Der Betrieb ist hoch rationalisiert, und was dort der einzelnen Arbeiterin zu tun bleibt, sind nur wenige Handgriffe. Aber in diesem Betrieb hatte sich die technische Leitung vor Jahren vorgenommen und hat es durchgehalten, daß kein Mädchen beschäftigt wird, das nicht sämtliche vorkommenden Näharbeiten ordnungsgemäß auszuführen in der Lage ist. Diese Leitung vertrat den Standpunkt, sie wolle nicht, daß eine Arbeiterin nur den Saum nähen, eine andere nur Knöpfe annähen, eine dritte nur den linken Ärmel einsetzen könne usw. Dort dauert die Ausbildung, Frau Minister, zwei Jahre, bis die Mädchen imstande sind, alle vorkommenden Arbeiten auszuführen. Nachher können sie sagen: Von dieser bestimmten Arbeit habe ich jetzt genug; ich möchte einmal etwas ganz anderes machen.

Wie viele Frauen und Mädchen diese Möglichkeit tatsächlich nutzen, ist eine andere Frage. Jedoch werden sie zunächst einmal gründlich und vielseitig ausgebildet.

Allerdings ist es nicht nur eine rein fachliche Ausbildung. Vielmehr geschieht in diesen zwei Jahren auch ein recht großer Teil von dem, was Sie, Frau Minister, als wünschenswert bezeichnet haben. In diesem Betrieb und auch anderswo ist das schon ziel- und verantwortungsbewußt in die Hand genommen worden. In weiteren Fällen, die mir bekannt geworden sind, ist es, jedenfalls vorläufig, nur ein Tasten.

Was nun die Frage angeht, die der Herr Minister gestellt hatte, ob nämlich unter dem Einfluß der Automatisierung der Bedarf an Diplom-Ingenieuren steigen wird oder nicht und ob es notwendig sein wird, ihre Ausbildungszeit zu verlängern, so wage ich nicht, darauf eine Anwort zu geben. Eine solche Antwort dürfte bei unserem heutigen Wissen um die zu berücksichtigenden Sachverhalte noch nicht möglich sein.

Auch die Frage – nach dem Bedarf an weiteren Hochschulen – ist, wie ich glaube, auf Grund dessen, was wir wissen und bestenfalls erschließen können, nicht alternativ zu beantworten. Vielleicht ist es dafür im Augenblick noch zu früh.

Was das Studium an der Technischen Hochschule angeht, kommen wir wohl in eine Richtung, die soeben Kollege *Opitz* angedeutet hat und die ich von unmittelbarer Anschauung her aus den Vereinigten Staaten kenne. Es gibt da die eine Richtung, die sehr spezialistisch ist, und eine andere, die dafür sorgt, daß die Ausbildung auf breiter Grundlage vorgenommen wird, und zwar mit Rücksicht darauf, daß man vorher noch gar nicht weiß, welche Aufgaben nachher auf den jungen Ingenieur zukommen.

Ich muß sagen, diese breit fundierte Ausbildung hat mir gar nicht schlecht gefallen. Besonders beachtenswert erscheint mir, daß sich die Ausbildung in der Mathematik über die ganzen fünf Studienjahre hin erstreckt. Eine nicht minder gründliche Ausbildung in der Physik kommt hinzu. Wer in diesen Dingen, den einen wie den anderen, zu Hause ist, kann sich auf der so erhaltenen Grundlage in viele technische Fragen hineindenken. Vom eng Fachlichen jedoch ist die Ausbildung weitgehend gelöst. Es erfolgt keine Ausbildung unmittelbar mit dem Berufsziel des Maschinenbauingenieurs oder des Elektroingenieurs, von engeren Fachrichtungen, wie es sie bei uns innerhalb jeder der beiden Abteilungen gibt, ganz zu schweigen. Es wird vielmehr ein Ingenieurtypus herangebildet, der eine mathematisch-naturwissenschaftlich-technische Ausbildung erhalten hat.

In der so erfolgenden akademischen Ingenieurausbildung wird auch viel Wert darauf gelegt – das ist pädagogisch sehr interessant –, den Studierenden dahin zu bringen, daß er erkennt, wo ein Problem liegt, damit er nicht daran vorbeiläuft, sondern sieht, wo es sich lohnt, genauer nachzuschauen, und dadurch in die Lage kommt, die Situation unter für sie wesentlichen Gesichtspunkten zu analysieren. Er soll auch erkennen, welche Faktoren die Situation bestimmen und wie diese Faktoren ihrem Gewicht nach zu werten sind. Von der Analyse her hat er dann eine Lösung zu versuchen. Dabei handelt es sich wiederum um ein streng kritisches Vorgehen, indem er sich fragt, ob alles berücksichtigt ist und wieweit die Ergebnisse der Aufgabe, wie sie gestellt war, genügen. Daran, daß das ein Ingenieurtyp ist, der sehr gut eingesetzt werden kann, besteht kein Zweifel.

Frau Staatsminister Dr. med. h. c. Christine Teusch

Herr Professor Opitz hatte den seinerzeit in der Arbeitsgemeinschaft für Forschung eigens gegründeten Rationalisierungsausschuß auch in seinem Referat angesprochen. Er ist ja nun ein bißchen eingeschlafen. Ich glaube, Herr Staatssekretär, Sie sollten das dem Herrn Ministerpräsidenten als dem Präsidenten der Arbeitsgemeinschaft für Forschung sowie dem Herrn Kultusminister nahebringen, denn in einer kombinierten Sitzung von geisteswissenschaftlicher und naturwissenschaftlicher Arbeitsgemeinschaft nur heute dieses Thema zu behandeln, scheint mir bei dem Stand der Rationalisierungsnotwendigkeit etwas zuwenig zu sein. Sie hatten es doch angesprochen, Herr Opitz!

(Professor Dr. Opitz: Ja!)

– Sie hatten einen eigenen Ausschuß nur für Rationalisierung!

Staatssekretär Adenauer

Wir haben das interessante Problem der Automatisierung heute unter verschiedenen Gesichtspunkten betrachtet, einmal unter dem Gesichtspunkt der wirtschaftlichen Entwicklung, der Rationalisierung der Fertigung, dann aber auch unter den Aspekten, die sich hinsichtlich der Veränderungen in der Arbeitswelt aufzeigen. Es wurde schließlich die Frage der technologisch bedingten Arbeitslosigkeit angeschnitten. Wir haben zuletzt in sehr vielen

Diskussionsbeiträgen, aber auch in den Anmerkungen der Vortragenden das Bildungsproblem angeschnitten, das sich im Rahmen einer starken Rationalisierung der Wirtschaft immer deutlicher abzeichnet. Als Vertreter des Kultusministers darf ich darauf hinweisen, daß sowohl das Kultusministerium wie der Kulturausschuß des Landtages sich mit den Problemen der Bildung und der Ausbildung in der heutigen Zeit sozialer Strukturänderungen immer mehr beschäftigen. Wir glauben, diese so drängenden Fragen in absehbarer Zeit einer Lösung zuführen zu müssen, die uns in den Stand setzt, mit den Problemen fertig zu werden, die bei der immer mehr fortschreitenden Rationalisierung und Automatisierung sich stellen und die hier so mannigfach aufgezeigt wurden. In diesen Bereich gehört auch das von Herrn Bollig angeschnittene Problem der sinnvollen Verwendung der Freizeit.

VERÖFFENTLICHUNGEN
DER ARBEITSGEMEINSCHAFT FÜR FORSCHUNG
DES LANDES NORDRHEIN-WESTFALEN

NATURWISSENSCHAFTEN

Friedrich Seewald, Aachen	Neue Entwicklungen auf dem Gebiet der Antriebsmaschinen
Friedrich A. F. Schmidt, Aachen	Technischer Stand und Zukunftsaussichten der Verbrennungsmaschinen, insbesondere der Gasturbinen
Rudolf Friedrich, Mülheim (Ruhr)	Möglichkeiten und Voraussetzungen der industriellen Verwertung der Gasturbine
Wolfgang Riezler, Bonn	Probleme der Kernphysik
Fritz Micheel, Münster	Isotope als Forschungsmittel in der Chemie und Biochemie
Emil Lehnartz, Münster	Der Chemismus der Muskelmaschine
Gunther Lehmann, Dortmund	Physiologische Forschung als Voraussetzung der Bestgestaltung der menschlichen Arbeit
Heinrich Kraut, Dortmund	Ernährung und Leistungsfähigkeit
Franz Wever, Düsseldorf	Aufgaben der Eisenforschung
Hermann Schenck, Aachen	Entwicklungslinien des deutschen Eisenhüttenwesens
Max Haas, Aachen	Die wirtschaftliche und technische Bedeutung der Leichtmetalle und ihre Entwicklungsmöglichkeiten
Walter Kikuth, Düsseldorf	Virusforschung
Rolf Danneel, Bonn	Fortschritte der Krebsforschung
Werner Schulemann, Bonn	Wirtschaftliche und organisatorische Gesichtspunkte für die Verbesserung unserer Hochschulforschung
Walter Weizel, Bonn	Die gegenwärtige Situation der Grundlagenforschung in der Physik
Siegfried Strugger, Münster	Das Duplikantenproblem in der Biologie
Fritz Gummert, Essen	Überlegungen zu den Faktoren Raum und Zeit im biologischen Geschehen und Möglichkeiten einer Nutzanwendung
August Götte, Aachen	Steinkohle als Rohstoff und Energiequelle
Karl Ziegler, Mülheim (Ruhr)	Über Arbeiten des Max-Planck-Institutes für Kohlenforschung
Wilhelm Fucks, Aachen	Die Naturwissenschaft, die Technik und der Mensch
Walther Hoffmann, Münster	Wirtschaftliche und soziologische Probleme des technischen Fortschritts
Franz Bollenrath, Aachen	Zur Entwicklung warmfester Werkstoffe
Heinrich Kaiser, Dortmund	Stand spektralanalytischer Prüfverfahren und Folgerung für deutsche Verhältnisse
Hans Braun, Bonn	Möglichkeiten und Grenzen der Resistenzzüchtung
Carl Heinrich Dencker, Bonn	Der Weg der Landwirtschaft von der Energieautarkie zur Fremdenergie
Herwart Opitz, Aachen	Entwicklungslinien der Fertigungstechnik in der Metallbearbeitung
Karl Krekeler, Aachen	Stand und Aussichten der schweißtechnischen Fertigungsverfahren
Hermann Rathert, Wuppertal-Elberfeld	Entwicklung auf dem Gebiet der Chemiefaser-Herstellung
Wilhelm Weltzien, Krefeld	Rohstoff und Veredelung in der Textilwirtschaft
Karl Herz, Frankfurt a. M.	Die technischen Entwicklungstendenzen im elektrischen Nachrichtenwesen
Leo Brandt, Düsseldorf	Navigation und Luftsicherung
Burckhardt Helferich, Bonn	Stand der Enzymchemie und ihre Bedeutung
Hugo Wilhelm Knipping, Köln	Ausschnitt aus der klinischen Carcinomforschung am Beispiel des Lungenkrebses
Abraham Esau †, Aachen	Ortung mit elektrischen und Ultraschallwellen in Technik und Natur
Eugen Flegler, Aachen	Die ferromagnetischen Werkstoffe der Elektrotechnik und ihre neueste Entwicklung
Rudolf Seyffert, Köln	Die Problematik der Distribution
Theodor Beste, Köln	Der Leistungslohn
Friedrich Seewald, Aachen	Die Flugtechnik und ihre Bedeutung für den allgemeinen technischen Fortschritt

Edouard Houdremont †, Essen	Art und Organisation der Forschung in einem Industriekonzern
Werner Schulemann, Bonn	Theorie und Praxis pharmakologischer Forschung
Wilhelm Groth, Bonn	Technische Verfahren zur Isotopentrennung
Kurt Traenckner †, Essen	Entwicklungstendenzen der Gaserzeugung
M. Zvegintzov, London	Wissenschaftliche Forschung und die Auswertung ihrer Ergebnisse Ziel und Tätigkeit der National Research Development Corporation
Alexander King, London	Wissenschaft und internationale Beziehungen
Robert Schwarz, Aachen	Wesen und Bedeutung der Siliciumchemie
Kurt Alder †, Köln	Fortschritte in der Synthese der Kohlenstoffverbindungen
Otto Hahn, Göttingen	Die Bedeutung der Grundlagenforschung für die Wirtschaft
Siegfried Strugger, Münster	Die Erforschung des Wasser- und Nährsalztransportes im Pflanzenkörper mit Hilfe der fluoreszenzmikroskopischen Kinematographie
Johannes von Allesch, Göttingen	Die Bedeutung der Psychologie im öffentlichen Leben
Otto Graf, Dortmund	Triebfedern menschlicher Leistung
Bruno Kuske, Köln	Zur Problematik der wirtschaftswissenschaftlichen Raumforschung
Stephan Prager, Düsseldorf	Städtebau und Landesplanung
Rolf Danneel, Bonn	Über die Wirkungsweise der Erbfaktoren
Kurt Herzog, Krefeld	Der Bewegungsbedarf der menschlichen Gliedmaßengelenke bei der Arbeit
Otto Haxel, Heidelberg	Energiegewinnung aus Kernprozessen
Max Wolf, Düsseldorf	Gegenwartsprobleme der energiewirtschaftlichen Forschung
Friedrich Becker, Bonn	Ultrakurzwellenstrahlung aus dem Weltraum
Hans Straßl, Bonn	Bemerkenswerte Doppelsterne und das Problem der Sternentwicklung
Heinrich Behnke, Münster	Der Strukturwandel der Mathematik in der ersten Hälfte des 20. Jahrhunderts
Emanuel Sperner, Hamburg	Eine mathematische Analyse der Luftdruckverteilungen in großen Gebieten
Oskar Niemczyk, Aachen	Die Problematik gebirgsmechanischer Vorgänge im Steinkohlenbergbau
Wilhelm Ahrens, Krefeld	Die Bedeutung geologischer Forschung für die Wirtschaft, besonders in Nordrhein-Westfalen
Bernhard Rensch, Münster	Das Problem der Residuen bei Lernvorgängen
Hermann Fink, Köln	Über Leberschäden bei der Bestimmung des biologischen Wertes verschiedener Eiweiße von Mikroorganismen
Friedrich Seewald, Aachen	Forschungen auf dem Gebiete der Aerodynamik
Karl Leist, Aachen	Einige Forschungsarbeiten aus der Gasturbinentechnik
Fritz Mietzsch †, Wuppertal	Chemie und wirtschaftliche Bedeutung der Sulfonamide
Gerhard Domagk, Wuppertal	Die experimentellen Grundlagen der bakteriellen Infektionen
Hans Braun, Bonn	Die Verschleppung von Pflanzenkrankheiten und Schädlingen über die Welt
Wilhelm Rudorf, Voldagsen	Der Beitrag von Genetik und Züchtung zur Bekämpfung von Viruskrankheiten der Nutzpflanzen
Volker Aschoff, Aachen	Probleme der elektroakustischen Einkanalübertragung
Herbert Döring, Aachen	Die Erzeugung und Verstärkung von Mikrowellen
Rudolf Schenck, Aachen	Bedingungen und Gang der Kohlenhydratsynthese im Licht
Emil Lehnartz, Münster	Die Endstufen des Stoffabbaues im Organismus
Wilhelm Fucks, Aachen	Mathematische Analyse von Sprachelementen, Sprachstil und Sprachen
Hermann Schenck, Aachen	Gegenwartsprobleme der Eisenindustrie in Deutschland
Eugen Piwowarsky †, Aachen	Gelöste und ungelöste Probleme im Gießereiwesen
Wolfgang Riezler, Bonn	Teilchenbeschleuniger
Gerhard Schubert, Hamburg	Anwendung neuer Strahlenquellen in der Krebstherapie
Franz Lotze, Münster	Probleme der Gebirgsbildung
Colin Cherry, London	Kybernetik. Die Beziehung zwischen Mensch und Maschine
Erich Pietsch, Clausthal-Zellerfeld	Dokumentation und mechanisches Gedächtnis — zur Frage der Ökonomie der geistigen Arbeit
Heinz Haase, Hamburg	Infrarot und seine technischen Anwendungen
Abraham Esau †, Aachen	Der Ultraschall und seine technischen Anwendungen
Fritz Lange, Bochum-Hordel	Die wirtschaftliche und soziale Bedeutung der Silikose im Bergbau
Walter Kikuth und Werner Schliepköter, Düsseldorf	Die Entstehung der Silikose und ihre Verhütungsmaßnahmen
Eberhard Gross, Bonn	Berufskrebs und Krebsforschung
Hugo Wilhelm Knipping, Köln	Die Situation der Krebsforschung vom Standpunkt der Klinik

Gustav-Victor Lachmann, London	An einer neuen Entwicklungsschwelle im Flugzeugbau
A. Gerber, Zürich-Oerlikon	Stand der Entwicklung der Raketen- und Lenktechnik
Theodor Kraus, Köln	Über Lokalisationsphänomene und Ordnungen im Raume
Fritz Gummert, Essen	Vom Ernährungsversuchsfeld der Kohlenstoffbiologischen Forschungsstation Essen
Gerhard Domagk, Wuppertal	Fortschritte auf dem Gebiet der experimentellen Krebsforschung
Giovanni Lampariello, Rom	Das Leben und das Werk von Heinrich Hertz
Walter Weizel, Bonn	Das Problem der Kausalität in der Physik
José Ma Albareda, Madrid	Die Entwicklung der Forschung in Spanien
Burckhardt Helferich, Bonn	Über Glykoside
Fritz Micheel, Münster	Kohlenhydrat-Eiweißverbindungen und ihre biochemische Bedeutung
John von Neumann †, Princeton, USA	Entwicklung und Ausnutzung neuerer mathematischer Maschinen
Eduard Stiefel, Zürich	Rechenautomaten im Dienste der Technik
Wilhelm Weltzien, Krefeld	Ausblick auf die Entwicklung synthetischer Fasern
Walther Hoffmann, Münster	Wachstumsprobleme der Wirtschaft
Leo Brandt, Düsseldorf	Die praktische Förderung der Forschung in Nordrhein-Westfalen
Ludwig Raiser, Bad Godesberg	Die Förderung der angewandten Forschung durch die Deutsche Forschungsgemeinschaft
Hermann Tromp, Rom	Die Bestandsaufnahme der Wälder der Welt als internationale und wissenschaftliche Aufgabe
Franz Heske, Schloß Reinbek	Die Wohlfahrtswirkungen des Waldes als internationales Problem
Günther Bohnecke, Hamburg	Zeitfragen der Ozeanographie
Heinz Gabler, Hamburg	Nautische Technik und Schiffssicherheit
Fritz A. F. Schmidt, Aachen	Probleme der Selbstzündung und Verbrennung bei der Entwicklung der Hochleistungskraftmaschinen
August-Wilhelm Quick, Aachen	Ein Verfahren zur Untersuchung des Austauschvorganges in verwirbelten Strömungen hinter Körpern mit abgelöster Strömung
Johannes Pätzold, Erlangen	Therapeutische Anwendung mechanischer und elektrischer Energie
F. A. W. Patmore, London	Der Air Registration Board und seine Aufgaben im Dienst der britischen Flugzeugindustrie
A. D. Young, London	Gestaltung der Lehrtätigkeit in der Luftfahrttechnik in Großbritannien
D. C. Martin, London	Geschichte und Organisation der Royal Society
A. J. A. Roux, Südafrika	Probleme der wissenschaftlichen Forschung in der Südafrikanischen Union
Georg Schnadel, Hamburg	Forschungsaufgaben zur Untersuchung der Festigkeitsprobleme im Schiffsbau
Wilhelm Sturtzel, Duisburg	Forschungsaufgaben zur Untersuchung der Widerstandsprobleme im See- und Binnenschiffbau
Giovanni Lampariello, Rom	Von Galilei zu Einstein
Walter Dieminger, Lindau/Harz	Ionosphäre und drahtloser Weitverkehr
Sir John Cockcroft, London	Die friedliche Anwendung der Atomenergie
Fritz Schultz-Grunow, Aachen	Das Kriechen und Fließen hochzäher und plastischer Stoffe
Hans Ebner, Aachen	Wege und Ziele der Festigkeitsforschung, besonders im Hinblick auf den Leichtbau
Ernst Derra, Düsseldorf	Der Entwicklungsstand der Herzchirurgie
Gunther Lehmann, Dortmund	Muskelarbeit und Muskelermüdung in Theorie und Praxis
Theodor von Kármán, Pasadena	Freiheit und Organisation in der Luftfahrtforschung
Leo Brandt, Düsseldorf	Bericht über den Wiederbeginn deutscher Luftfahrtforschung
Fritz Schröter, Ulm	Neue Forschungs- und Entwicklungsrichtungen im Fernsehen
Albert Narath, Berlin	Der gegenwärtige Stand der Filmtechnik
Richard Courant, New York	Die Bedeutung der modernen mathematischen Rechenmaschinen für mathematische Probleme der Hydrodynamik und Reaktortechnik
Ernst Peschl, Bonn	Die Rolle der komplexen Zahlen in der Mathematik und die Bedeutung der komplexen Analysis
Wolfgang Flaig, Braunschweig	Zur Grundlagenforschung auf dem Gebiet des Humus und der Bodenfruchtbarkeit
Eduard Mückenhausen, Bonn	Typologische Bodenentwicklung und Bodenfruchtbarkeit
Walter Georgii, München	Aerophysikalische Flugforschung

Klaus Oswatitsch, Aachen	Gelöste und ungelöste Probleme der Gasdynamik
A. Butenandt, Tübingen	Über die Analyse der Erbfaktorenwirkung und ihre Bedeutung für biochemische Fragestellungen
J. Straub, Köln	Quantitative Genwirkung bei Polyploiden
Oskar Morgenstern, Princeton, USA	Der theoretische Unterbau der Wirtschaftspolitik
Bernhard Rensch, Münster	Die stammesgeschichtliche Sonderstellung des Menschen
Wilhelm Tönnis, Köln	Die neuzeitliche Behandlung frischer Schädelhirnverletzungen
Siegfried Strugger, Münster	Die elektronenmikroskopische Darstellung der Feinstruktur des Protoplasmas mit Hilfe der Uranylmethode und die zukünftige Bedeutung für die Erforschung der Strahlenwirkung
Wilhelm Fucks, Aachen	Bildliche Darstellung der Verteilung und der Bewegung von radioaktiven Substanzen im Raum, insbesondere von biologischen Objekten (Physikalischer Teil)
Hugo Wilhelm Knipping und Erich Liese, Köln	Bildgebung von Radioisotopenelementen im Raum bei bewegten Objekten (Herz, Lungen etc.) (Medizinischer Teil)
Friedrich Paneth †, Mainz	Die Bedeutung der Isotopenforschung für geochemische und kosmochemische Probleme
J. Hans D. Jensen und H. A. Weidenmüller, Heidelberg	Die Nichterhaltung der Parität
Francis Perrin, Paris	Die Verwendung der Atomenergie für industrielle Zwecke
Hans Lorenz, Berlin	Forschungsergebnisse auf dem Gebiete der Bodenmechanik als Wegbereiter für Gründungsverfahren
Georg Garbotz, Aachen	Die Bedeutung der Baumaschinen- und Baubetriebsforschung für die Praxis
Maurice Roy, Chatillon	Luftfahrtforschung in Frankreich und ihre Perspektiven im Rahmen Europas
Alexander Naumann, Aachen	Methoden und Ergebnisse der Windkanalforschung
Sir Harry Melville, K.C.B., F.R.S., London	Die Anwendung von radioaktiven Isotopen und hoher Energiestrahlung in der polymeren Chemie
Eduard Justi, Braunschweig	Elektrothermische Kühlung und Heizung. Grundlagen und Möglichkeiten
Richard Vieweg, Braunschweig	Maß und Messen in Geschichte und Gegenwart
Fritz Baade, Kiel	Gesamtdeutschland und die Integration Europas
Günther Schmölders, Köln	Ökonomische Verhaltensforschung
Rudolf Wille, Berlin	Modellvorstellungen zur Behandlung des Übergangs laminar — turbulent, hergeleitet aus Versuchen an Freistrahlen und Flachwasserströmungen
Josef Meixner, Aachen	Neuere Entwicklung der Thermodynamik
A. Gustafsson, Diter von Wettstein und Lars Ehrenberg, Stockholm	Mutationsforschung und Züchtung
Josef Straub, Köln	Mutationsauslösung durch ionisierende Strahlung
Martin Kersten, Aachen	Neuere Versuche zur physikalischen Deutung technischer Magnetisierungsvorgänge
Günther Leibfried, Aachen	Zur Theorie idealer Kristalle
W. Klemm, Münster	Neue Wertigkeitsstufen bei den Übergangselementen
H. Zahn, Aachen	Die Wollforschung in Chemie und Physik von heute
Henri Cartan, Paris	Nicolas Bourbaki und die heutige Mathematik
Harald Cramér, Stockholm	Aus der neueren mathematischen Wahrscheinlichkeitslehre
Georg Melchers, Tübingen	Die Bedeutung der Virusforschung für die moderne Genetik
Alfred Kühn, Tübingen	Über die Wirkungsweise von Erbfaktoren
Fréderic Ludwig, Paris	Experimentelle Studien über die Distanzeffekte in bestrahlten vielzelligen Organismen
A. H. W. Aten jr., Amsterdam	Die Anwendung radioaktiver Isotope in der chemischen Forschung
Hans Herloff Inhoffen, Braunschweig	Chemische Übergänge von Gallensäuren in cancerogene Stoffe und ihre möglichen Beziehungen zum Krebsproblem
Rolf Danneel, Bonn	Entstehung, Funktion und Feinbau der Mitochondrien
Max Born, Bad Pyrmont	Der Realitätsbegriff in der Physik
Joachim Wüstenberg	Der gegenwärtige ärztliche Standpunkt zum Problem der Beeinflussung der Gesundheit durch Luftverunreinigungen
Paul Schmidt, München	Periodisch wiederholte Zündungen durch Stoßwellen

Walter Kikuth, Düsseldorf	Die Infektionskrankheiten im Spiegel historischer und neuzeitlicher Betrachtungen
R. Jung, Aachen	Die geodätische Erschließung Kanadas mit Hilfe der elektronischen Entfernungsmessung
Hans-Ernst Schwiete, Aachen	Ein zweites Steinzeitalter? — Gesteinshüttenkunde früher und heute
Horst Rothe, Karlsruhe	Der Molekular-Verstärker und seine Anwendung
Roland Lindner, Göteborg	Atomkernforschung und Chemie, aktuelle Probleme
Paul Denzel, Aachen	Technische Probleme der Energieumwandlung und -fortleitung
J. Capelle	Der Stand der Ingenieurausbildung in Frankreich
Friedrich Panse, Düsseldorf	Klinische Psychologie, ein psychiatrisches Bedürfnis
Heinrich Kraut, Dortmund	Die Deckung des Bedarfs an Vitaminen und Mineralstoffen in der Bundesrepublik
Max Haas, Aachen	Neuzeitliche Erkenntnisse aus der Geschichte der Leichtmetalle
Wilhelm Bischof, Dortmund	Materialprüfung — Praxis und Wissenschaft
Edgar Rössger, Berlin	Zur Analyse der auf angebotene tkm umgerechneten Verkehrsaufwendungen und Verkehrserträge im Luftverkehr
Günther Ulbricht, Oberpfaffenhofen	Die Funknavigationsverfahren und ihre physikalischen Grenzen
Franz Wever, Düsseldorf	Das Schwert in Mythos und Handwerk
Ernst Hermann Schulz, Dortmund	Über die Ergebnisse neuerer metallkundlicher Untersuchungen alter Eisenfunde und ihre Bedeutung für die Technik und die Archäologie
Hermann Schenck, Aachen	Wertung und Nutzung der wissenschaftlichen Arbeit am Beispiel des Eisenhüttenwesens
Oskar Löbl, Essen	Streitfragen bei der Kostenberechnung des Atomstroms
Frederic de Hoffmann, Zürich	Ein neuer Weg zur Kostensenkung des Atomstroms
Rudolf Schulten, Mannheim	Die Entwicklung des Hochtemperaturreaktors
Gunther Lehmann, Dortmund	Die Einwirkung des Lärms auf den Menschen
Franz Josef Meister, Düsseldorf	Geräuschmessungen an Verkehrsflugzeugen und ihre hörpsychologische Bewertung

VERÖFFENTLICHUNGEN DER ARBEITSGEMEINSCHAFT FÜR FORSCHUNG DES LANDES NORDRHEIN-WESTFALEN

GEISTESWISSENSCHAFTEN

Werner Richter, Bonn	Von der Bedeutung der Geisteswissenschaften für die Bildung unserer Zeit
Joachim Ritter, Münster	Die Lehre vom Ursprung und Sinn der Theorie bei Aristoteles
Josef Kroll, Köln	Elysium
Günther Jachmann, Köln	Die vierte Ekloge Vergils
Hans Erich Stier, Münster	Die klassische Demokratie
Werner Caskel, Köln	Lihyan und Lihyanisch. Sprache und Kultur eines früharabischen Königreiches
Thomas Ohm, Münster	Stammesreligionen im südlichen Tanganyika-Territorium
Georg Schreiber, Münster	Deutsche Wissenschaftspolitik von Bismarck bis zum Atomwissenschaftler Otto Hahn
Walter Holtzmann, Bonn	Das mittelalterliche Imperium und die werdenden Nationen
Werner Caskel, Köln	Die Bedeutung der Beduinen in der Geschichte der Araber
Georg Schreiber, Münster	Irland im deutschen und abendländischen Sakralraum
Peter Rassow, Köln	Forschungen zur Reichs-Idee im 16. und 17. Jahrhundert
Hans Erich Stier, Münster	Roms Aufstieg zur Weltmacht und die griechische Welt
Karl Heinrich Rengstorf, Münster	Mann und Frau im Urchristentum
Hermann Conrad, Bonn	Grundprobleme einer Reform des Familienrechtes
Max Braubach, Bonn	Der Weg zum 20. Juli 1944 — Ein Forschungsbericht
Paul Hübinger, Münster	Das deutsch-französische Verhältnis und seine mittelalterlichen Grundlagen
Franz Steinbach, Bonn	Der geschichtliche Weg des wirtschaftenden Menschen in die soziale Freiheit und politische Verantwortung
Josef Koch, Köln	Die Ars coniecturalis des Nikolaus von Kues
James B. Conant, USA	Staatsbürger und Wissenschaftler
Karl Heinrich Rengstorf, Münster	Antike und Christentum
Richard Alewyn, Köln	Klopstocks Publikum
Fritz Schalk, Köln	Das Lächerliche in der französischen Literatur des Ancien Régime
Ludwig Raiser, Bad Godesberg	Rechtsfragen der Mitbestimmung
Martin Noth, Bonn	Das Geschichtsverständnis der alttestamentlichen Apokalyptik
Walter F. Schirmer, Bonn	Glück und Ende der Könige in Shakespeares Historien
Theodor Klauser, Bonn	Die römische Petrustradition im Lichte der neuen Ausgrabungen unter der Peterskirche
Hans Peters, Köln	Die Gewaltentrennung in moderner Sicht
Fritz Schalk, Köln	Calderon und die Mythologie
Josef Kroll, Köln	Vom Leben geflügelter Worte
Thomas Ohm, Münster	Die Religionen in Asien
Johann Leo Weisgerber, Bonn	Die Ordnung der Sprache im persönlichen und öffentlichen Leben
Werner Caskel, Köln	Entdeckungen in Arabien
Max Braubach, Bonn	Landesgeschichtliche Bestrebungen und historische Vereine im Rheinland
Fritz Schalk, Köln	Somnium und verwandte Wörter in den romanischen Sprachen
Friedrich Dessauer, Frankfurt a. M.	Reflexionen über Erbe und Zukunft des Abendlandes
Thomas Ohm, Münster	Ruhe und Frömmigkeit
Hermann Conrad, Bonn	Die mittelalterliche Besiedlung des deutschen Ostens und das Deutsche Recht
Hans Sckommodau, Köln	Die religiösen Dichtungen Margaretes von Navarra
Herbert von Einem, Bonn	Der Mainzer Kopf mit der Binde
Joseph Höffner, Münster	Statik und Dynamik in der scholastischen Wirtschaftsethik
Fritz Schalk, Köln	Diderots Essai über Claudius und Nero
Gerhard Kegel Köln	Probleme des internationalen Enteignungs- und Währungsrechts
Johann Leo Weisgerber Bonn	Die Grenzen der Schrift — Der Kern der Rechtschreibereform
Richard Alewyn Köln	Von der Empfindsamkeit der Romantik

Theodor Schieder, Köln	Die Probleme des Rapallo-Vertrages. Eine Studie über die deutsch-russischen Beziehungen 1922—1926
Andreas Rumpf, Köln	Stilphasen der spätantiken Kunst
Ulrich Luck, Münster	Kerygma und Tradition in der Hermeneutik Adolf Schlatters
Walther Holtzmann, Rom	Das Deutsche historische Institut in Rom
Graf Wolff Metternich Rom	Die Bibliotheca Hertziana und der Palazzo Zuccari zu Rom
Harry Westermann, Münster	Person und Persönlichkeit als Wert im Zivilrecht
Johann Leo Weisgerber, Bonn	Die Namen der Ubier
Friedrich Karl Schumann, Münster	Mythos und Technik
Karl Heinrich Rengstorf, Münster	Die Anfänge des Diakonats
Georg Schreiber, Münster	Der Bergbau in Geschichte, Ethos und Sakralkultur
Hans J. Wolff, Münster	Die Rechtsgestalt der Universität
Heinrich Vogt, Bonn	Schadenersatzprobleme im Verhältnis von Haftungsgrund und Schaden
Max Braubach, Bonn	Der Einmarsch deutscher Truppen in die entmilitarisierte Zone am Rhein im März 1936. Ein Beitrag zur Vorgeschichte des zweiten Weltkrieges
Herbert von Einem, Bonn	Die „Menschwerdung Christi" des Isenheimer Altares
Ernst Joseph Cohn, London	Der englische Gerichtstag
Albert Woopen, Aachen	Die Zivilehe und der Grundsatz der Unauflöslichkeit der Ehe in der Entwicklung des italienischen Zivilrechts
Karl Kerényi, Ascona	Die Herkunft der Dionysosreligion nach dem heutigen Stand der Forschung
Herbert Jankuhn, Kiel	Die Ausgrabungen in Haithabu und ihre Bedeutung für die Handelsgeschichte des frühen Mittelalters
Stephan Skalweit, Bonn	Edmund Burke und Frankreich
Ulrich Scheuner, Bonn	Die Neutralität im heutigen Völkerrecht
Anton Moortgat, Berlin	Archäologische Forschungen der Max-Freiherr-von-Oppenheim-Stiftung im nördlichen Mesopotamien 1955
Joachim Ritter, Münster	Hegel und die französische Revolution
Hermann Conrad und Carl Arnold Willemsen, Bonn	Die Konstitutionen von Melfi Friedrichs II. von Hohenstaufen (1231)
Georg Schreiber, Münster	Der Islam und das christliche Abendland
Werner Conze, Münster	Die Strukturgeschichte des technisch-industriellen Zeitalters als Aufgabe für Forschung und Unterricht
Gerhard Hess, Heidelberg	Zur Entstehung der „Maximen" La Rochefoucaulds
Fritz Schalk, Köln	Poetica de Aristoteles traducia de latin. Illustrada y commentado por Juan Pablo Martiz Rizo (Erste kritische Ausgabe des spanischen Textes)
Ernst Langlotz, Bonn	Perseus, Dokumentation der Wiedergewinnung eines Meisterwerkes der griechischen Plastik
Geo Widengren, Uppsala	Iranisch-semitische Kulturbegegnung in parthischer Zeit
Josef M. Wintrich, Karlsruhe	Zur Problematik der Grundrechte
Josef Pieper, Münster	Über den Begriff der Tradition
Walter F. Schirmer, Bonn	Die frühen Darstellungen des Arthurstoffes
William Lloyd Prosser, Berkeley	Kausalzusammenhang und Fahrlässigkeit
Johann Leo Weisgerber, Bonn	Verschiebung in der sprachlichen Einschätzung von Menschen und Sachen
Walter H. Bruford, Cambridge	Fürstin Gallitzin und Goethe. Das Selbstvervollkommnungsideal und seine Grenze
Hermann Conrad, Bonn	Die geistigen Grundlagen des Allgemeinen Landrechts für die preußischen Staaten von 1794
Herbert von Einem, Bonn	Asmus Jacob Carstens, Die Nacht mit ihren Kindern
Paul Gieseke, Bad Godesberg	Eigentum und Grundwasser
Werner Richter, Bonn	Wissenschaft und Geist in der Weimarer Republik
Johann Leo Weisgerber, Bonn	Sprachenrecht und europäische Einheit
Otto Kirchheimer, New York	Gegenwartsprobleme der Asylgewährung
Alexander Knur, Bad Godesberg	Probleme der Zugewinngemeinschaft
Helmut Coing, Frankfurt a. M.	Die juristischen Auslegungsmethoden und die Lehren der allgemeinen Hermeneutik
André George, Paris	Der Humanismus und die Krise der Welt von heute
Harald von Petrikovits, Bonn	Das römische Rheinland. Archäologische Forschungen seit 1945

Franz Steinbach, Bonn	Ursprung und Wesen der Landgemeinde nach rheinischen Quellen
Josef Trier, Münster	Versuch über Flußnamen
C.R. van Paassen, Amsterdam	Platon in den Augen der Zeitgenossen
Pietro Quaroni	Die kulturelle Sendung Italiens
Theodor Klauser, Bonn	Christlicher Märtyrerkult, heidnischer Heroenkult und spätjüdische Heiligenverehrung
Herbert v. Einem, Bonn	Karl V. und Tizian
Friedrich Merzbacher, München	Die Bischofsstadt
Martin Noth, Bonn	Die Ursprünge des alten Israel im Lichte neuer Quellen
Hermann Conrad, Bonn	Rechtsstaatliche Bestrebungen im Absolutismus Preußens und Österreichs am Ende des 18. Jahrhunderts

VERÖFFENTLICHUNGEN DER ARBEITSGEMEINSCHAFT FÜR FORSCHUNG DES LANDES NORDRHEIN-WESTFALEN

WISSENSCHAFTLICHE ABHANDLUNGEN

Wolfgang Priester, H.-G. Bennewitz und P. Lengrüßer, Bonn	Radiobeobachtungen des ersten künstlichen Erdsatelliten
Leo Weisgerber, Bonn	Verschiebung in der sprachlichen Einschätzung von Menschen und Sachen
Erich Meuthen, Marburg	Die letzten Jahre des Nikolaus von Kues
Hans Georg Kirchhoff, Rommerskirchen	Die staatliche Sozialpolitik im Ruhrbergbau 1871—1914
Günther Jachmann, Köln	Der homerische Schiffskatalog und die Ilias
Peter Hartmann, Münster	Das Wort als Name
Anton Moortgat, Berlin	Archäologische Forschungen der Max-Freiherr-von-Oppenheim-Stiftung im nördlichen Mesopotamien 1956
Wolfgang Priester und Gerhard Hergenhahn, Bonn	Bahnbestimmungen von Erdsatelliten aus Doppler-Effekt-Messungen
Harry Westermann, Münster	Welche gesetzlichen Maßnahmen zur Luftreinhaltung und zur Verbesserung des Nachbarrechts sind erforderlich?
Hermann Conrad und Gerd Kleinheyer, Bonn	Carl Gottlieb Svarez 1746—1796. Vorträge über Recht und Staat
Georg Schreiber, Münster	Die Wochentage im Erlebnis der Ostkirche und des christlichen Abendlandes
Günter Bandmann, Bonn	Melancholie und Musik
W. Goerdt, Münster	Fragen der Philosophie. Ein Materialbeitrag zur Erforschung der Sowjetphilosophie im Spiegel der Zeitschrift „Voprosy Filosofii" 1947—1956
Anton Morgaat, Berlin	Tell Chuéra in Nordost-Syrien. Grabung 1958
Gerd Dicke, Krefeld	Der Identitätsgedanke bei Feuerbach und Marx
Thea Buyken	Das römische Recht in den Constitutionen von Melfi
—	Das Karl-Arnold-Haus, Haus der Wissenschaften in Düsseldorf

SONDERHEFTE

Josef Pieper, Münster	Über den Philosophie-Begriff Platons
Walter Weizel, Bonn	Die Mathematik und die physikalische Realität
Gunther Lehmann, Dortmund	Arbeit bei hohen Temperaturen
Hans Kauffmann, Köln	Italienische Frührenaissance
—	18 neue Forschungsstellen im Land Nordrhein-Westfalen
—	Wissenschaft in Not

Batch number: 10584556

Printed by Printforce, the Netherlands